高等学校烹饪与营养教育专业应用型本科

U0174648

日韩料理

RIHAN LIAOLI

张　浩／主编

中国轻工业出版社

图书在版编目（CIP）数据

日韩料理 / 张浩主编. —北京：中国轻工业出版社，
2024.3

高等学校烹饪与营养教育专业应用型本科教材

ISBN 978-7-5184-4456-4

I.①日… II.①张… III.①菜谱—日本—高等学校—
教材 ②菜谱—韩国—高等学校—教材 IV.① TS972.183.13
② TS972.183.126

中国国家版本馆 CIP 数据核字（2023）第 103313 号

责任编辑：方　晓　　　　责任终审：白　洁　　　　设计制作：锋尚设计
策划编辑：史祖福　方　晓　　责任校对：朱　慧　朱燕春　　责任监印：张　可

出版发行：中国轻工业出版社（北京鲁谷东街5号，邮编：100040）

印　　刷：艺堂印刷（天津）有限公司

经　　销：各地新华书店

版　　次：2024年3月第1版第1次印刷

开　　本：787×1092　1/16　印张：10.25

字　　数：240千字

书　　号：ISBN 978-7-5184-4456-4　定价：49.00元

邮购电话：010-85119873

发行电话：010-85119832　010-85119912

网　　址：http://www.chlip.com.cn

Email：club@chlip.com.cn

高等学校烹饪与营养教育专业应用型本科教材
编审委员会

顾问

杨铭铎（全国餐饮职业教育教学指导委员会副主任）

黄维兵（全国餐饮职业教育教学指导委员会副主任）

李　力（世界中餐业联合会国际烹饪教育分会副主席）

编委会主任

卢　一（四川旅游学院院长，中国烹饪协会餐饮教育委员会主席）

编委会副主任

周世中（四川旅游学院继续教育学院院长）

李　想（四川旅游学院烹饪学院院长）

杜　莉（四川旅游学院川菜发展研究中心主任）

田芙蓉（昆明学院旅游学院院长）

编委

辛松林（四川旅游学院）	李　锐（岭南师范学院）
钟志惠（四川旅游学院）	熊昌定（岭南师范学院）
童光森（四川旅游学院）	黄　傲（广西民族大学相思湖学院）
彭　涛（四川旅游学院）	宫润华（普洱学院）
陈　逸（四川旅游学院）	孙耀军（河南牧业经济学院）
张海豹（四川旅游学院）	李　毅（黄山学院）
徐孝洪（四川旅游学院）	何志贵（桂林旅游学院）
罗　文（四川旅游学院）	崔莹莹（桂林旅游学院）
冯明会（四川旅游学院）	王　权（武汉商学院）
李　晓（四川旅游学院）	张献领（安徽科技学院）
乔　兴（四川旅游学院）	崔震昆（河南科技学院）
孟　甜（四川旅游学院）	孙志强（昆明学院）

本书编写人员

主　编：张　浩

副主编：谢文涛　张振宇

参　编：高海薇　李　晓　胡金祥　杨进军　蔡　燚　孙静宇　李佳慧

前 言

《日韩料理》这本教材主要针对本科烹饪与营养教育专业的西餐课程教学与培训。作为日韩料理本科教材，本书注重培养学生的系统理论知识和实践技能。理论侧重于系统梳理，解决"是什么"及"为什么"的问题，实践侧重于场景应用，解决"做什么"及"如何做"的问题。在编写过程中，本教材不仅对日韩料理的文化进行了系统梳理，同时对烹饪技法、技巧原理进行讲解并安排实操训练。

在课程学习中，本教材首先构筑学生关于日韩料理的专业理论基础，其次在课程实践环节中，注重培养学生勤学好问、刻苦耐劳的学习精神，锻炼学生的理论分析能力、专业实践能力及应用创新能力，以满足毕业后从事专业工作的需求。

结合近年来餐饮行业发展趋势，不难看出，日韩料理在中国市场越来越受欢迎。究其原因，一是随着市场经济发展，人们有机会与条件接触更多元化的料理品种；二是日韩料理独特的烹饪技法以及其同东亚饮食文化共通的渊源。基于以上背景，本教材全方位、系统化地介绍日韩料理饮食文化、烹饪方法运用及现代烹饪技巧融合，对学生融合、贯通各种烹饪技法有重要的作用。

本教材的理论知识应当是学生今后学习日韩料理的基础；其中的专业技术、菜肴制作应当是餐饮企业今后制作日韩料理的技术指导和规范标准。

本教材分为四个章节，第一章为绪论部分，主要介绍日韩料理基础知识，日韩料理的饮食文化和风格差异，日韩料理在中国餐饮行业的发展和趋势，日韩料理的融合与变化，注重知识结构广泛性、实践性、应用性。第二章为日本料理部分，主要介绍日本料理的饮食文化、历史背景、烹饪技巧、菜肴制作及现代日本厨房结构与岗位设置。第三章为韩国料理部分，主要介绍韩国料理的饮食文化与历史背景、烹饪方法、常用料理原料、菜肴制作及现代韩国厨房结构。第四章为料理融合与变化，主要讲授日韩料理的拓展知识，包括日韩料理发展现状、行业趋势、工艺变化，及这些变化的渊源与其对现代餐饮企业经营、管理带来的影响与思索等，注重培养学生的知识拓展及创新思考能力。

本教材编写过程中，得到行业协会和全国各地学校、学院的大力支持，参考了大量著作、教材、网络文章，在此一并表示感谢。

本教材是编写团队的集体智慧结晶，由四川旅游学院张浩担任主编，辽宁现代服务职业技术学院谢文涛和四川旅游学院张振宇担任副主编。参与编写的还有上海旅游高等专科学校高海薇、四川旅游学院李晓、胡金祥、杨进军、蔡燊，辽宁现代职业学院孙静宇、李佳慧。

由于编写时间仓促，书中难免存在疏漏和不足之处，敬请各位专家、同行和广大读者批评指正，不胜感谢。

主编
2023年7月

目　录

第一章
绪论

◈ **学习目标**

通过学习了解和掌握日韩料理的基础知识；了解日韩料理的发展和历史变迁；分析日韩料理饮食文化差异；学习日韩料理基本的风格和菜肴特色；通过日韩料理在中国餐饮行业的发展趋势深入学习日韩料理的融合、变化；认识日韩料理对烹饪学习的重要性，认识融合、变通对餐饮行业和企业经营的重要性。

◇ **内容引导**

通过学习日韩料理的基础知识，引导学生了解和正确认识到日韩料理的饮食文化，逐步了解"职匠"和"匠人"精神，引导学生树立大国工匠精神，树立"食以安为先"的工作准则，强化职业道德和职业素养的培育；引导学生进行职业规划并树立正确的职业观念，强化食品安全理念。

第一节　日韩料理基础知识

一、日韩料理基础

1. 什么是日韩料理

在中国，人们把西餐分为广义的西餐和狭义的西餐。广义的西餐把中国以外的地区菜肴都称为西餐，包含欧洲、美洲、亚洲地区的菜肴；狭义的西餐把欧美主流国家的菜肴称为西餐。广义的西餐就包含亚洲地区菜肴，而亚洲地区美食很多，有印度菜、泰国菜、越南菜、印度尼西亚菜、日本料理、韩国料理等。世界各地的特色菜系、菜肴，一般被称为"某个国家或某个地区的菜"，只有日本、韩国美食被称为"料理"。其实在世界范围内看，神秘的亚洲美食主要是中国菜，其次就是日韩料理。日韩料理源自中国菜，又有别于中国菜，因其特殊的呈现方式，逐步形成了独特的美食菜系。

作为亚洲美食的重要代表，日本料理和韩国料理已然是西餐在中国发展最好的两个板块，其受大众喜爱度甚至超越经典法式菜肴，特别是餐饮融合观念和创意餐厅的出现，日韩料理的许多特殊原料和对味道的运用手法正在逐步被广大厨师理解，因此需要单独开设课程学习和研究亚洲美食代表中的日本料理和韩国料理。

2. 学习的内容体系

一种美食体系的诞生，需要从历史的角度，以社会变化和经济发展的方式来观察、分析。要想了解日本料理、韩国料理就必须了解日韩地区的生活习惯、饮食习惯、地区特产以及社会和文化变迁对饮食习惯的影响。出于历史的原因，这里特别强调只研究和学习烹饪美食文化和社会变迁进程对饮食的影响。

"日韩料理"课程主要分为两个部分：日本料理部分和韩国料理部分。"日本料理"部分会介绍日本料理的"和食""洋食"，分别从社会变迁、生活习惯的变化如何影响日本料理的形成，以及日本料理对世界餐饮的影响。"韩国料理"部分会整体学习朝鲜半岛的美食，特别是日本对韩国料理的影响，以及朝鲜、韩国料理自己的发展和形成。重点放在韩国料理的学习，但是包含朝鲜料理。

课程定位于日韩料理，特色在于饮食文化的分析、烹饪方法的运用和技能的融合。突出介绍日韩饮食习惯和东西方饮食文化的差异，寻求融合、贯通的现代烹饪之路。

二、日韩料理的发展和变迁

美食文化的形成与发展受历史变迁、经济发展以及社会需求的共同作用。历史上日本和韩国都受中国文化影响，崇尚佛教和儒家思想。美食文化更是如此，从食材的加工、原料的使用到烹饪方法等等，都有中国美食的痕迹。但是日韩最终因地域特色和物产种类的不同，在发展中逐步形成独特的地区美食，日本料理和韩国料理逐步形成既相似又相互区别的料理风格。

1. 日本料理的发展和变迁

从弥生时代开始，中国传来的稻谷种植影响日本，产生了酿酒、腌菜和味噌等饮食，形成日本料理的基础。公元710年日本进入"奈良时代"，社会经济得到飞速发展，烹饪和饮食受唐朝的影响较明显。尤其是随着七夕、端午等中国传统节日的传入，日本人开始在庆祝和祭祀活动中烹制丰盛美味的菜肴。中国烹饪与日本风土人情、食材相互影响，逐渐形成了日本料理，日本汉字写为"和食"。可以说"和食"在很长的历史过程中，一边以稻米、鱼肉为核心，一边以各国流入的物产以及烹调技术为基础，最后在日本渐渐形成料理体系。

明治维新之后，在中国饮食文化和西方饮食文化的共同作用下，日本料理没有被简单地同化，而是融合贯通了"汉食""洋食""和食"，通过自己独特的理解，把它们转化为日本"和食"文化。日本人民选择了自己需要的，加入了新的元素，重新创造，最后变成了日本饮食。这是日本料理在不断的发展和变化中能够保持独特饮食文化特色的关键，也是日本料理深受各国人民喜欢的重要原因——把各种美食融合变通后，再发展变化，适应美食最基本的需求：好吃。

现代日本料理尊重传统技艺，注重文化素养，在融合贯通的同时保留日本文化的视觉效果，强调饮食对人们的意义。"料理"：料是烹饪技术、原料运用；理是日本饮食器具、饮食文化原理，要求厨师为了把食物呈现出最佳状态而下功夫，以匠心对待食材，烹饪出既有视觉效果，又有味觉效果的美食，能使品尝者舒适及愉悦，最后感到满足，这是日本料理既好吃又好看的关键。

2. 韩国料理的发展和变迁

公元1世纪后期，朝鲜半岛也有个三国时期：高句丽、百济、新罗。后来高丽王朝实现"三韩统一"，所以也称朝鲜半岛为高丽。这一时期人们就种植水稻，懂得利用豆子酿造大酱、发酵泡菜、发酵腌制鱼类，可以说利用发酵、酿制食物来制作美食是韩国料理的基础。

公元14世纪末，李氏建立朝鲜王朝，随王权文化应运而生的宫廷料理是朝鲜饮食文化的精髓。大家熟知的朝鲜八道就是这一时期对半岛的行政划分区域，朝鲜八道各地进献的食材，选料严格，再由御厨和厨房尚宫精心制作，烹饪方法和精湛手艺传承至今。随着铜冶炼技术的发展，朝鲜人普遍使用铜制餐具，取代了原来的木制和陶瓷餐具。这些饮食生活习惯几乎原封不动地流传到20世纪初，其中许多流传至今。朝鲜半岛饮食文化历经数次改朝换代后，在朝鲜时代升华为豪华精美的宫廷料理，其烹饪文化一直受到中国唐朝、元朝、明朝、清朝的影响，特别是受中国的节日和各种庆典仪式传承的影响较大。

1910年朝鲜沦为日本殖民地，长达35年，这一时期对韩国料理影响最大的是日本。日本烹饪文化输入和朝鲜宫廷料理结合，形成了现代的韩国料理。韩国菜称为料理，也是受日本烹饪文化的影响。大家熟知的紫菜包饭、韩国马肉刺身等都有日本料理的影子。但是朝鲜宫廷料理的五颜六色的视觉效果被很好地继承下来，这是韩国料理的最大特点。

第二节　日韩料理的饮食文化和风格差异

一、日韩料理的饮食文化

日本料理和韩国料理都各有自己独特的饮食文化特色和菜肴制作风格。日韩料理可以共同探索的原因是两个国家的历史渊源相通，韩国受到日本的文化侵袭，又都在第二次世界大战后受美国等西方文化的影响，最后在亚洲地区形成了相似又相互区分的日韩料理。

1. 日韩料理的饮食文化的共同之处

（1）二者都受中国唐朝影响，都有佛教和儒家的思想烙印。

（2）二者都是稻谷文明，饮食习惯相似，都受到西方饮食文化的冲击。

2. 日韩料理的饮食文化的不同之处

（1）日本料理讲究融合后发展成为自己的饮食文化；韩国料理讲究传统饮食文化的发掘与传承。

（2）日本料理讲究的是饮食文化的精益求精的职匠精神，比如有寿司之神、天妇罗之神等大师级厨师；韩国料理饮食文化注重的是料理的保健养生文化，比如药膳文化、五行进补习俗。

（3）日本饮食突出鱼生料理；而韩国饮食突出的是烤肉和泡菜。

二、日韩料理的风格特色

1. 日韩料理的风格相似

（1）烹饪方法相似　主要是蒸、煮、煎、炸、烤（图1.1和图1.2）、生食鱼类。

（2）调味风格相似　都相对清淡、鲜甜，注重味觉享受。

（3）食材原料相似　海产品来自同一海域；日本有"和牛"，韩国有"韩牛"。

（4）装盘、装饰风格相似　重视视觉带来的乐趣。

图1.1　日本烤肉　　　　图1.2　韩国烤肉

2. 日韩料理的风格差异

日韩料理风格特色的区别是类似的烹饪方法和原料，做出来的菜肴名字不同、口味不同、装盘风格也不同。

（1）烹饪方式　日式烤肉放在铁板上烤，是一种表演性质的美食；韩国烤肉却是放在烤盘上烤，是一种亲民的自助烤肉。

（2）烹饪原料　日本的味噌汤，没有发酵直接煮汤，配豆腐和海带（图1.3）；韩国大酱汤发酵后使用，配以泡菜（图1.4）。

（3）菜肴档次　日本料理的寿司非常有名，非常昂贵；韩国的紫菜包饭价格却很亲民。

（4）风味变化　同样是泡菜，日本料理的大根很出名，但是在韩国，辣白菜受喜爱程度更高，种类也多。

图 1.3　日本味噌汤　　　　　　　　图 1.4　韩国大酱汤

第三节　日韩料理在中国餐饮行业的发展和趋势

一、日本料理在中国餐饮行业的发展和趋势

日本料理进入中国后餐厅数量一直保持稳步增长，日本料理餐厅大多集中在高档星级酒店和沿海大城市。纪录片《寿司之神》让全世界见识了日本人的"职人匠心"精神。除此之外，《孤独的美食家》《南极料理人》、NHK系列美食纪录片等影视作品也对日本料理做了精彩的正向传播。2000年后，日料餐厅在中国开始爆发性增长，从大型高档料理餐厅转向小巧精致的居酒屋、日式火锅、铁板烧类型休闲小餐厅。据调查显示，2010年中国日料餐厅约1万家，2015年达到2.3万家，2022年已经高达7.89万家。根据华经产业研究院的调查，2019年我国餐饮行业分布情况，日本料理占比6.38%，这一数字还在不断地增加。越来越多的人被日本料理的精致健康、食材新鲜美味、口感清淡、加工细致、装盘精美等特点所吸引。

目前餐饮市场正处于特殊时期，中国消费者对日本料理的喜爱程度不断上升，加速了日本料理在中国市场的扩张。同时高端餐饮企业服务从沿海发达城市向内陆大型城市发展，并且有向二、三线城市快速渗透的趋势。日本料理店从进入中国的单一高档日本料理餐厅、料理亭、和风料理等，逐步转向连锁快餐，如拉面店、日式烤肉店、日本寿喜锅店、牛丼饭店、日式咖喱店、居酒屋等。2021年的调查数据显示，仅中国上海就有各种日本料理餐厅3774家，消费者的接受度高达15%。

当然高速发展的日本料理餐厅也面临着餐饮行业消费萎缩，餐饮连锁行业资金链有断裂的危险等问题，但是真正的挑战应该是高速发展后，人才数量不足、原料安全保障不够、行业标准不一这些问题。

大规模化发展后餐厅的厨师、管理人才都面临短缺或素质提升不够的矛盾，特别是缺少专业的日料厨师和对于日本饮食文化的认识不足，导致一些不好的现象出现，影响日料的长远发展。一个优秀的餐饮品牌，需要三种人才：即经营管理人才、厨房人才和服务人才。日本的美食文化是追求完美，能够将美食做到精致。日本美食文化与中国美食文化相比并不具有历史上的优势，但是却能够将料理做到如此出名，足可见日本人的用心和专注。

中国的日本料理店出售的食材大多依靠进口，食材源头安全性和价格对日本料理在中国的发展影响很大。料理偏向突显生鲜食材原味的理念，高端日料店对劣质食材更是零容忍，符合消费者注重健康、品质的大趋势。如何保持好长期稳定的产品质量，清楚食材产地、吃法、背景等相关知识，是日本料理店在中国发展过程中迫切需要解决的问题。

日本小型料理餐厅中，大多数是单一产品模式，比如拉面馆、咖喱馆、旋转寿司、牛丼饭、寿喜锅。这些料理餐饮店小而精，单品却不单调，模式简单，一目了然，吃起来依然觉得丰富多样，富有变化性。但是在连锁经营模式上都面临标准不统一的问题。标准化意味着可复制化，是规模化的前提，是餐饮连锁的重中之重，特别是在高速发展中，如何保障品牌质量、服务水平、环节体验、健康发展等问题，是从业者需要考虑的。日本料理的产品概念远不止菜肴本身，除了专注菜品、精致加工产品，用餐环境、服务员培训体系建立、常态化管理机制的形成等，这些都是行业标准的问题。

案例分析

A案例：细分主打餐饮产品的百年老店的诞生

从日式街头小吃，到深夜食堂；从社交场景的居酒屋到充满日剧氛围的烧鸟；从昂贵华丽的顶级日料，到细腻甜美的日式甜品；日本料理店已然成为一、二线城市购物中心必备的餐饮企业。据中商数据的不完全统计，有超过85家日餐品牌借道上海准备进入中国市场。日本料理的大多数连锁企业都是有细分主打餐饮产品的店铺，每个门店都有自己的主打产品，并且不断进行研究与创新，东京街头更是随处可见拥有百年历史的拉面馆。

1. 从日本料理在中国的发展和趋势，分析中式快餐企业如何打造百年老店。
2. 单一产品对餐饮行业的影响是什么？

B案例：行业专家官内海认为，日本餐饮行业三个发展周期也是中国餐饮必经之路：①成长期：中国餐饮目前相当于1975年的日本，正处于上升期。餐饮业发展由经营环境造就，而大规模发展，就会让餐饮业向产业化、标准化发展，逐渐进入成长期。成长期的一个标志就是冷链。②成熟期：单品店流行。日本料理发展到半期，就是单品店流行，比如烤肉店、海鲜店，这种专门业态的店铺都在日本流行起来。现在的中国，餐饮多样化，并且开始流行单品店，这些趋势也都是很像的。③衰退期：超专业化和娱乐化。随着餐饮行业的发展，日本的餐饮企业逐渐向郊外发展，出现郊外家庭餐的趋势和低价格化、单一价格化的发展趋势，这说明，餐饮业已经开始从成熟期走向衰退期。

1. 从日本料理餐饮行业发展趋势分析目前的中国市场上日本料理的未来。
2. 浅谈日本料理的发展和中餐的发展趋势。

二、韩国料理在中国餐饮行业的发展和趋势

任何一种饮食文化的风行，都离不开根植在其背后的文化。韩国很早就意识到，文化作为一种软实力可以带来外汇，食物则是文化最好的载体之一，借1986年亚运会和1988奥运会的东风，韩国料理走向了世界，全世界的运动员和观众都了解了韩国泡菜、辛拉面。

在历史上，日本、韩国和中国有着很深的渊源，在地理、历史、语言、饮食传统和文化等方面同种同源。韩国料理因其地理位置、餐饮文化、口味与中国人饮食习惯接近，消费者对于韩国料理的接受程度较高，韩国料理店在中国获得稳定发展。事实上，许多韩国料理店的经营者并非韩国人，而是中国的朝鲜族人。

2005年，一部《大长今》带动了韩国料理在中国的飞速发展。2009年，韩国宣布当年为"韩国料理世界化元年"，此后更是推出了"韩食世界化推进战略"。韩剧里面的美食会带动在中国的韩国料理店的消费，如2014年，一句经典的台词"下雪了，怎么能没有炸鸡和啤酒？"使得关于"韩国是不是有初雪吃炸鸡、喝啤酒的传统"的讨论成为互联网上一场大型的消费者自发的营销事件。伴随着话题发酵，曾经被认为是西式快餐的炸鸡和啤酒被迅速纳入"韩国料理"的范畴。当年中国的韩国料理店到处都是韩式炸鸡，甚至超过肯德基的热度。很快，韩式炸鸡店就开遍了外卖平台和一二三线城市的大街小巷。由此可以看出韩国影视在中国的盛行，为餐饮行业带来的深远影响。

到了2017年，在政经大背景的影响，韩国料理也开始衰落，大量的门店关闭。据统计，仅2017年的北京，韩国料理行业的销售额就锐减30%，严重的地区甚至骤减70%。但是一些日韩料理的低端餐饮企业，其活力依旧，低价位消费群体依然存在。2019年，新的消费方式也促进了日韩料理的发展。随着购物中心朝着综合性方向的发展，餐饮业在购物中心所占比重也一再加大。购物中心相比于传统百货，区别就在于时尚定位，这和大多数年轻人消费观念是一致的，因此越来越多的日韩料理品牌进驻购物中心。

旅游消费快速带动韩国料理的发展和流行。2000年后，大量的旅游者前往韩国旅游，带动了饮食文化的交流。中国人的消费观念发生变化，大量的年轻人追求异国美食。《2019亚洲美食消费趋势报告》显示整个西餐板块，日本料理占比53%、韩国料理占比36%、其他餐厅仅占比11%，韩国料理店在北京就超过1200家，发展到今天，中国的韩国料理店超过10万家。随着消费结构的不断发展和升级，以80后、90后、00后为代表的年轻一代成为韩国料理的主要消费群体。从年龄阶段来看，大多数消费者都在16～25岁，其中女性占比更高。从市场容量来看，现在的韩国料理已经受到了大批忠实顾客的欢迎，很多人在外出逛街或者聚餐的时候，都喜欢吃韩国料理。原因十分简单，相比日本料理的高水平消费，韩国料理更受年轻人的欢迎。

案例分析

案例：2020年餐饮行业整体发展阻力：食品安全问题成为餐饮行业永远不落幕的话题；众多餐饮企业缺乏创新意识，模式雷同，创新不足；缺乏高素质管理人才，目前中餐从业人员素质参差不齐，年龄跨度大，总体素质较差；食材成本提高，租金高涨，人工费提高，高支出、高浪费等一定程度阻碍了餐饮行业的发展。

1. 分析新形势下韩国料理的发展方向。
2. 食品安全问题对餐饮企业有哪些影响和冲击？

第四节　日韩料理的融合与变化

一、烹饪行业的融合与变化

1. 不同的饮食文化

不同的饮食观念和饮食习俗，最终形成了不同的饮食文化。

中国菜：饮食文化历史悠久，博大精深，影响深远，强调感性和艺术性，追求饮食的口味感觉，多从"色、香、味、形、意、养"等方面来评价饮食的好坏优劣，在世界上享有盛誉。

西方菜：西方国家烹饪博采众长，各国都形成具有自己特色的饮食文化，注重食物所含蛋白质、脂肪、热量和维生素的多少，特别讲究食物的营养是否搭配合理，热量的供给是否恰到好处，以及这些营养成分是否能为进食者充分吸收，有无其他副作用，讲究的是尽量保持食物的原汁原味和天然营养。

日韩料理：秉承于中国的农耕文化，以谷物为主、肉少粮多、辅以菜蔬，蔬菜类菜品占重要地位；日韩料理均是口味清淡，注重视觉与味觉的平衡，特别关注各种味道与食材调和；讲究用餐环境，注重时尚和健康。

2. 相同的饮食需求

随着全球经济一体化的发展，中、日、韩三国的饮食文化也发生了许多融合，对于不同于自己国家的食物也有了越来越多的认同。旅游业对饮食文化影响巨大，旅游者在享受当地美食的同时也丰富了饮食体验，加深了理解与包容，这也体现了文化的包容性。西方饮食进入中国，阻力很大，主要是味觉享受一般，用餐环境要求安静，对于中国人来说这是很难接受的，特别是主食的变化，从米饭到面包、肉类的变化，饮食习惯很难让人适应。日韩料理不同，越来越多的中国人愿意接受日韩料理的食材，如刺身、寿司、日式咖喱、烤肉、辣白菜、炒年糕等，主要就是口感差异较小，适应程度相对较高。

面对美食，中国人讲究味道丰富，口感爽快。菜的美味程度越高，就越容易得到中国人的喜爱，并且讲究清爽整洁的用餐环境；而西方人重视食物本身的营养，菜的营养价值越高，越容易成为西方人的首选；日韩料理餐厅的味觉享受和视觉体验均能满足中国消费者的饮食需求，并且用餐环境相对舒适，符合中国人的聚会要求，因此当日韩料理餐厅进入中国餐饮市场时，大众喜爱程度较高，发展迅速。

3. 融合与变化

日本料理和韩国料理本身就是融合发展壮大出来的餐饮模式，其饮食文化相通，又都有巨大的包容性。如日本料理的天妇罗炸虾，源自葡萄牙美食，但是经过日本人创新、融合、改进后，成为日本料理的代表菜肴；又如，韩国料理的炸鸡，也许韩国人都没有想到一部电视剧改变了中国人的认知，让炸鸡成为当年流行的快餐菜品。

日韩料理进入中国餐饮市场后也在不断地根据中国消费者的习惯改进、融合与变化。在保留自己餐饮文化习俗的同时，适应中国消费者习俗，在用餐环境和氛围、菜肴口味方面不断地变化。比如，西方的马乃司少司，东方人就很难接受这种用大量的橄榄油和蛋黄乳化后的调味酱。日本料理在融合这款少司上就处理得很好。首先，改变了青涩的橄榄油，用花生油来制作，并且加入适量的辣椒油使口感层次更加丰富；再者，利用新的烹饪工艺，改变传统马乃司少司大量使用油脂制作的方式，添加水分和增稠剂，使口味上更利于东方人接受。传统的马乃司少司大约有8种口味，而目前日本料理商开发出的口味多达30种，甚至为了适应中国消费者的口味，开发出四川麻辣味和怪味的马乃司少司。

4. 精准的市场定位

日韩料理进入中国餐饮市场后，特别注重战略定位。在餐厅的选址、消费目标定位、消费档次定位、文化定位等层面认真研究调查，并且融入当地餐饮风味和特色，不断修订菜肴的风味和制作工艺，在原料选择、健康饮食、装盘装饰方面下功夫；日韩料理还有一个重要的共同特点——餐饮文化。进入中国后，大型的日韩餐饮企业经常组织一些社区活动，如食材品鉴、烹饪交流、口味调查等活动，从社区文化和消费者源头开发市场；日韩料理的餐饮企业还注重团队的建立、人才的培养、市场的开发等，因此在中国餐饮市场很快占有一席之地。

5. 餐厅的设计与定位

日韩料理在餐厅的设计与定位上均有详细的研究，特别是餐具的选择。在现代高级料理店，食物不是唯一的，餐厅的氛围、精美的餐具、细致的服务、品酒文化等元素的共同作用造就了美食概念。现代餐厅的设计一般都是以餐厅的定位为主线，餐厅的氛围、服务水平、文化理念不断地融入美食品鉴中，再加入美食、器具的共同作用，才造就了完美的高档料理店的特色。日韩料理都注重餐厅器具和美食的结合，许多餐厅的器具甚至是文化历史的体现，厨师选择餐具时就会潜移默化地把餐厅用餐理念融入菜肴装饰和装盘上，有许多现代高级料理店甚至做到一餐从头至尾所有的餐具不重复使用，每一道菜肴都有专用的器具配合（图1.5）。高档料理餐厅一般都会刻意打造自己的四季庭院风光，从餐厅的绿化、庭院设计、摆设陈列的艺术品、插花艺术等丰富用餐体验。

图1.5　日韩餐具

6. 品酒文化

品酒文化的发展起源于西餐的法式菜肴，但是中国餐饮市场对其接受度不高。但是目前餐饮企业对日韩料理的清酒品鉴和日式茶道的品鉴逐步推广，并且受到许多年轻人的喜爱。不同的文化需要推广，中间重要的环节就是服务员和厨师当面介绍美食与美酒的文化。日韩料理在厨师和顾客的交流方面做得较好，开放式的厨房拉近了消费者和经营者的距离，面对面的交流和沟通，把日韩酒文化和茶道同美食菜肴结合起来。并且日韩料理餐厅的这种特色也带动了消费者对法式美酒的理解，带动餐饮行业品鉴酒水职业的流行，一些高档的餐厅设有专业的品鉴推广师，和消费者共同进餐，引导消费者了解酒文化、品鉴美酒、享受美食，从而带动消费升级，当然也是服务升级的一种方式（图1.6）。

图1.6　日韩美酒

二、餐厅经营的融合与变化

无国界餐饮和创意餐厅出现是新形势下餐饮行业的发展机遇和整合，是对餐厅经营者管理水平、主厨的综合技能水平和餐饮文化的开发能力的考验。

1. 融合的动力

近年来，主流消费人群需求发生了变化，新的消费者对饮食的需求与60后、70后完全不同，对于餐厅和菜肴口味的选择，都更加多样化。为了迎合这些主流消费人群的需求和市场的变化，日韩料理餐厅首先开始融入多种元素，迎合消费者的需求。世界各地的饮食圈陆续推出了融合菜餐厅，充满了多元化的味道，将日本料理、韩国料理、法式菜肴、泰国菜肴以及中国菜肴等各国特色，以创新性的方式融合在一起呈现。融合并不是单纯地将菜品组合在一起，也不是盲目地创新，而是厨师本身具备深厚的专业基础，精于食材搭配，对各地饮食文化有所了解，通过艺术的渲染，进而在色、香、味、形、器的基础上进行菜品的转变，赋予菜品新的文化氛围，创意意境，突出新饮食风格，以达到融合的目的。

创新才是餐饮企业不断发展的动力。时代在不断进步，消费者的消费观念、消费需求、消费能力也在不断改变，需要新的元素，新的创新点，才能吸引更多顾客消费，融合餐厅做到了这一点。

日韩料理餐厅产品通常单一，精品菜肴相对独立，要迎合更多的、不同的消费群体，需要不断变化，融合发展是重要的手段。融合的前期原因非常简单：暂时没有找到准确的定位，前期不断创新，提升环境和服务，才能源源不断吸引顾客，出现"融合"也在情理之中。

2. 融合的方法

餐饮企业文化创意需要依靠餐厅管理者的智慧、主厨的高超技能和较高的文化素养，对烹饪饮食文化资源进行重塑与提升，通过烹饪工艺开发和新奇原材料的运用，生产出高附加值的产品以创造财富、促进餐饮业发展、增加餐饮企业生命力。常用的是餐厅整体设计突破常规的思维，把传统的设计元素赋予崭新的文化气息和有创意的用餐环境，形成具有独特风格的时尚餐饮空间，从而达到设计空间与餐饮主题和谐统一。这一点上日本料理的"和风""禅意""空灵""冥想"等元素就有明显的优势，再结合韩国料理风味上的五味并存，味觉享受达到极高的境界，最后结合法式料理的装盘设计以及中餐的用餐习惯，最终形成了目前餐饮行业最流行的融合创意餐厅。

3. 新烹饪技术和冷链物流技术

新烹饪技术的出现和冷链物流的发展，使餐厅融合有实现的可能。不断涌现的新烹饪工艺技术，改变了烹饪方法，使许多菜肴被赋予新生命。低温烹饪、分子料理、万能蒸烤箱、电磁炉、光波炉的出现，改变了人们对烹饪的认知，提高了烹饪技术水平；冷链物流技术，特别是真空包装技术的革新，使主厨们能够运用到更多的特色原料；世界经济一体化，使人们的交流更加频繁，世界各地的食材也流动起来，新奇的食材不断改变主厨们对烹饪的认知。

？　思考题

1. 学习日韩料理的基本知识对后期学习日韩料理技术有什么作用？
2. 日韩料理的视觉欣赏有什么重要性？
3. 在世界餐饮大融合的背景下，日韩料理的作用是什么？

第二章
日本料理部分

✦ **学习目标**

通过学习日本料理概念、日本料理饮食文化、日本料理历史渊源深入理解什么是日本料理；通过学习日本料理烹饪方法和饮食特点，掌握日本料理知识，为后面的菜肴制作打下基础；学习特色原料，加深对日本料理特点和风格认识，掌握基本菜肴制作技能；本章要求理论学习和实践教学结合，从烹饪文化与历史渊源上学习基础理论知识，再延伸到烹饪技能教学；掌握特色日本料理菜肴制作和风格习俗的理论认识。

✧ **内容引导**

通过相关知识的学习，延伸课后学习内容，引导学生查阅资料，并且通过日本饮食文化学习，深入理解日本料理分餐、份饭制度的形成，结合当前国内国外的形势，提倡分餐制；引导学生了解日本厨刀，树立"工以利器为助，人以贤友为助"的中华优秀传统文化和优良品质，树立良好的职业素养。

第一节　日本料理饮食文化与历史

一、日本料理概述

1. 日本料理概念

日本料理，按照字面的含义来讲："料"就是把材料搭配好的意思，指烹饪技术、原料运用；"理"就是盛东西的器皿，使用不同的器具把食物最佳状态呈现出来。日本料理起源于日本列岛，并逐渐发展成为独具日本特色的菜肴。主食以米饭、面条为主，副食多为新鲜鱼虾等海产，常配以日本清酒。"和食"以清淡著称，烹调时尽量保持材料本身的原味。日本料理是当前世界上一个重要烹调流派，有它特有的烹调方式和格调，在不少国家和地区都有日本料理店和料理烹调技术，其影响仅次于中餐和西餐。

2. "和食"与"洋食"

明治维新时期才出现"和食"一词。对于日本人而言，西洋的饮食传入之前，并没有"和""洋"之分，只有"日本料理"和"中华料理"，当西式饮食习惯和文化大量传入日本，为了区别才产生了"和食"这一概念，就是大和民族食物的意思。当时的日本出现了"和食""洋食"，最终形成今天大家所熟悉的日本料理。

二、日本料理饮食文化

地理：日本的饮食文化，是与日本自然环境密不可分的。日本的国土狭长，南北有三分之二都是山地，且四面环海，是被海洋所包围的岛国。

物产：3000年以来，"大米"不仅是日本的一种食物，更是日本的文化、信仰乃至经济的发展史。可以说，日本料理的饮食文化就是日本大米的文化史（图2.1和图2.2）。

气候：充分利用时令食材，展现不断变化的每个时节中转瞬即逝的饮食之美，是日本料理师的主要任务。品尝四季独特的食材，感受季节的变化，是日本饮食文化的一大特色。

历史：饮食文化的发展都和社会历史的变迁息息相关（图2.3）。

图 2.1　日本大米

1. 弥生时期（绳文、弥生、古坟、飞鸟）

大约3000年前，水稻种植技术由中国传入日本列岛，当时的日本人还处于捕鱼、采贝类和原始狩猎等生活方式阶段。通过水稻种植可以自己生产粮食，从而使日本人的生活方法发生了巨大的变化。大米生产不仅影响了日本的政治、经济，对文化和信仰也有巨大的影响。人们祈求风调雨顺，产生各种祭祀活动，对美食的发展也有不小的影响。

重要贡献：开始食用米饭，初步形成大米酿造、存储技术。

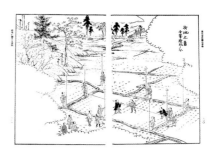

图 2.2　幕府时期丈量稻田

2. 奈良时期

公元675年，受传入日本的佛教思想的影响，天皇颁布了"肉食禁令"，注重净身、慎心，忌讳肉食之风逐渐升温。公元710年，日本进入"奈良时代"，社会经济得到飞速发展，烹饪和饮食方面明显受唐朝的影响。不只是稻米的种植，还包括饮食文化，诸如餐具、调味料、食疗或是仪式典礼上都看得到中国文化的影子，尤其是随着七夕、端午等中国传统节日的传入，在庆祝和祭祀活动中烹制丰盛美味的菜肴，中国烹饪与日本风土人情、食材相互影响，逐渐形成了日本料理。在很长的历史过程中，日本烹饪一边以稻米、鱼肉为核心，一边以各国流入的物产以及烹调技术为基础，最后在日本渐渐形成料理体系。

重要贡献：日本料理的雏形形成，为了向神祈愿农耕、渔业的丰收，表达收获的喜悦和对神灵的谢意，人们会向神灵献上贡品"神馔"，神馔料理得到发展。这一时期日本人不能吃肉，素食文化崛起。

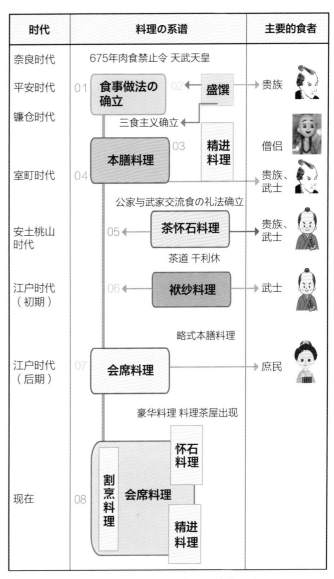

图2.3　日本料理饮食文化的发展史

3. 平安时期

这一时期，在吸收中国饮食文化精髓的同时，日本饮食文化也逐步得到发展。日本传统文化与中国饮食文化融合产生了一种极重视仪式感的料理，伴随着宫廷文化的繁盛，朝廷官员之间的饮食礼仪和料理流派逐渐成形，出现了筵席，即上流阶层用于招待客人的料理——"大飨料理"。

重要贡献：这一时期的料理还不是真正的日本料理，因为最重要的利用酱油调味的工艺——出汁（だし）还没有出现。但是，大飨料理促成了日本料理用餐礼仪的形成。

4. 镰仓时期

受中国宋朝的影响，大乘佛教的禅宗得到推崇，"精进料理"得到广泛认同。大豆和豆类食品传入日本。与此同时，僧人荣西将茶叶引入日本，日本禅宗流派的盛行，饮茶习俗也得到前所未有的推广。受精进料理的影响，大豆加工技术和蔬菜料理方法得到重视，豆腐及豆制品作为重要食材以多种形式体现在料理中，特别是酿造技术的提升，对现代日本料理的形成起了决定性作用。

重要贡献：豆类食物和酿造技术提升，茶道文化发展。

5. 室町时期

这一时期的日本进入幕府及武士时代，宫廷料理被简化为幕府官员和武士级别的有职务的料理形式，最后进化为"本膳料理"，按照每人一份的原则，根据严格的礼仪流程进餐。"本膳料理"源于宫廷料理，因此对礼仪讲究非常严格，甚至进食本身都变成了一种仪式。在明治时代以后逐渐消失，仅在婚丧祭祀等传统仪式的宴会中还有一定的保留。中国制法的酱油传到日本，往生鱼片上点酱油和抹山葵酱便成了普遍的吃法（相传在镰仓时代，日本临济宗禅师心地觉心就在杭州径山寺学到了用发酵法酿造酱及从酱中澄出酱油的方法，带回日本）。

重要贡献：日本酱油的出现，"刺身"形成；日本料理分餐、份饭制的形成。

6. 安土桃山时期

这一时期日本茶道空前繁荣。茶会上宴会料理被称为"茶怀石料理"，这是"怀石料理"的前身。茶道的发展，加之受到"本膳料理""精进料理"的影响，用餐礼仪受茶道的影响，比如吃饭时一定要手捧饭碗，使用筷子取代勺子进餐等，作为成规流传到在现在（图2.4）。在摒弃对追求美食的禁忌上，深入挖掘豆制品的深加工，促进了料理方法的深化发展，如"出汁"概念的形成对现代日本料理起到了极其重要的作用。

重要贡献：日本茶道文化深入影响到日本料理；酿造豆类产生酱油、味噌，料理烹饪的最常见手法"出汁"诞生；"怀石料理"诞生。

7. 江户时代

随着经济的发展，日本进入江户时代。进入江户时代以后，享受美味的形式已经逐渐普及到普通百姓之中，饮食文化获得了更大的发展。

日本料理在这一时期得到了前所未有的大发展，不仅仅是料理手法、内容得到极大丰富，而且代表性的天妇罗（天ぷら）、寿司（にぎり寿司）、荞麦面（蕎麦）、偶拌（おでん，也称关东煮）等美食以大排档形式出现。牛肉等肉类又开始普遍食用，各式料理亭（图2.5和图2.6）、居酒屋开始出现专门售卖的酒肴筵席，称之为"会席料理"。可以说"茶怀石料理"是为了助茶的料理，那么"会席料理"就是为了助酒兴的料理。会席料理不讲严格的礼仪，在保留"一汁三菜"模式的基础上，添加了前菜、炸物等其他佐酒佳肴。

江户时代共出版了200多本关于饮食的书籍，详实地记载了饮食文化的形成与特色，见证了日本传统饮食文化的形成。今天传播于世界各地的日本料理基本形成于江户时代。江户时代后期，出现了以江户（东京）为中心的关东料理，以大阪、京都为中心的关西料理。

图2.4　茶怀石料理

图2.5　怀石料理亭

图2.6　怀石料理餐厅

关东地区：以鲣鱼干刨出的鲣鱼花（木鱼花、柴鱼片）提取的出汁为基础的料理，浓口酱油被广泛用于食品的着色和调味，被称为"江户料理"。

关西地区：以昆布提取的出汁为基础，被称为"上方料理"，也称为"关西割烹"。

寿司、天妇罗、蒲烧鳗鱼、荞麦面被称为江户食物的"四大天王"。

寿司的起源是"腌鱼寿司"，也就是鱼的腌制品。具体做法是在鱼上放盐和米饭，然后放入容器中压上镇石，使之发酵。这样腌制出来的寿司的特点是可以长期保存。到了室町时代，出现了在腌制后不久，趁发酵刚刚完成，鱼还留有生鱼味时就吃的寿司，这被称为"生驯"。到了江户时代，在生驯寿司的基础上发明了腌制时间更短的寿司，做法是把米饭和用醋泡过的海鲜攒在一起，不经保存即可以吃，称之为"江户前寿司"。

江户湾内出产的丰富而新鲜海产品被称为"江户前"，以此为原料的刺身、寿司、天妇罗、荞麦面、蒲烧鳗鱼等成为民间百姓的佳肴。"江户料理"与"本膳料理""怀石料理"不同，完全发自民间。既有面向富裕阶层的高级会席料理，又有面向百姓价格实惠的荞麦面、盖饭等。以此为基础，形成了日本料理的各种食文化。

重要贡献：木鱼花、昆布、酱油的广泛运用，"会席料理"可以看作是日本料理的诞生。

8. 明治维新时代

明治维新以后，日本受西洋文化的影响，西洋料理被广泛接受并融于日本料理之中。这一时期的重要影响是天皇颁布《肉食再升宣言》，肉食解禁、西式蔬菜、西洋料理等新的饮食形式传入，日本在积极吸收西方的饮食文化的同时产生了"和食"与"洋食"。融合和包容中，日本料理变换出自己独到的料理法，如炸猪排、炸牛排、炸虾排。并且在日本大正时期就传入日本的中国面条，被彻底演变为日本拉面；铁板作为烧烤料理的工具孕育了丰富的铁板烧烤料理等，经历了饮食文化的转变与发展，最终形成了现在的日本料理。但文化的变迁是相当缓慢的，大量食用肉类还是第二次世界大战后。现在熟悉的日式黑豚或昂贵的和牛，都是传统日式饮食没有的。

重要贡献：肉食解禁，区分"洋食"的"和食"诞生。

追溯日本饮食的变迁，可以得知日本饮食形式受到各种各样的影响，一些新的料理形式也随之不断出现。但是各种不同形式的饮食都有一个共同的核心，就是以米饭为主的饮食形式一直被传承下来，灵活吸收各国的饮食所长，在饮食文化方面获得更进一步的发展。

📖 相关知识

1. 出汁（だし）

读作"daxi"，是日本料理制作中最主要的环节，煮制海鲜过程中自然出现的鲜美汤汁被应用于料理之中，就是出汁。中国讲究通过长时间的煮炖，将各类食材的美味融于一体，而日本的出汁则是在短短的几分钟内将出汁原料的精华提炼出来。出汁不但本身味道鲜美，更重要的是能够促发食材原有的风味，并将之融为一体。因此出汁既是日本料理的关键，也符合日本料理讲究原汁原味的理念。出汁就是日本料理鲜美的根基。

2. 怀石料理

日本茶道创始于"安土桃山"时代，鼻祖"千利休"创造了日本的"抹茶道"，为了防止空腹饮茶引起肠胃的不适，要提供一些食物给客人垫底，但又不能因口腹之欲而破坏茶事的禅意，所以只有少量的清淡的简餐，这就是"茶怀石料理"。后来慢慢演化成"怀石料理"，"怀石"来自修行中的禅僧为了抵御饥寒所致的痛苦，把加热过的石头用布包裹，置入怀中，而这仅仅是"怀石"二字的由来，与料理无关。现代的"怀石料理"多为高级日本料理亭或温泉旅馆中提供的豪华料理套餐，菜品有着严格的分类及上菜顺序，客人用罢一品，才会上下一品。

3. 饭前的"我开动了"和饭后的"多谢款待"

因为饮食享受了来自自然的丰厚馈赠，所以日本孕育出了敬畏自然、感谢大自然饮食文化。日本人平时在开始吃饭之前，会说"我开动了（いただきます）"，吃完后会说"多谢款待（ごちそうさま）"，这是一种日本独有的用语，用于表达对食物的感恩之情。

三、日本料理历史渊源

日本菜肴称为"日本料理"或"和食"，日本料理和日本文化一样深受海外不同历史时期的饮食文化的影响，这些饮食文化进入日本后被不断地加以改造和融合、变化，最后发展成为独具日本风格的菜肴。在这个过程中，中国饮食文化对日本料理影响最大，到现在我们都还可以从日本菜肴的名称、内容、材料和调味料等方面见到中国饮食文化的影响。

日本菜肴的烹调方法的雏形形成于平安时代，当时人们称公卿贵族举办的餐会为"大飨"。使用的餐具除青铜器、银器外，还有漆器。除烹调一般的饭菜外，已经学会了酿酒。日本料理的发展主要经历了"室町""德川""江户"三个时代，大约有500年的历史。

随着时间的推移，日本和世界各国往来加强，尤其是第二次世界大战后，美军对日本的控制使日本人在生活和饮食文化上起了很大的变化。逐步引进了一部分西方菜肴的烹调方法，结合日本人的传统口味，形成了现代的日本菜。"和风料理"就是日本本土化的西餐，牛肉火锅的寿喜锅和天妇罗、炸猪排就是这类菜点的代表。近代的日本料理深受西方饮食习惯和现代营养观念影响，越来越注重饮食的营养和健康。在饮食习惯上也注重简单和快捷。比如现在流行的日本刺身料理就是简单、快捷、营养、健康四者的统一。在饮食结构上除保留亚洲人的主食米饭，也逐步融入西方人的主食牛肉。肉类食品的加入大大提高了日本国民的身体素质。研究表明，近代日本国民身体素质的提高与其饮食结构的变化有很大的关系。从日本人的身体素质的提高我们不难看出东西方饮食结合的优越性（表2.1）。

表2.1　日本料理文化发展与变迁

飞鸟时代	公元592年—710年	水稻传入日本，日本开始食用大米	
奈良时代	公元710年—794年	唐朝，佛教传入日本。天皇颁布诏书禁止食肉，推动日本料理的素食文化的发展	神馔料理
平安时代	公元794年—1192年	日本演变为将军为首的武士时期，开始幕府政权	大飨料理

续表

镰仓幕府	公元1192年—1333年	受中国宋朝的影响，大乘佛教的禅宗得到推崇，"精进料理"得到广泛认同。茶道、豆制品食物出现	精进料理
室町幕府	公元1336年—1573年	日本进入幕府武士时代，日本料理分餐、份饭制形成	本膳料理
安土桃山时代（战国时期）	公元1573年—1603年	日本茶道文化深入影响到日本料理；酿造豆类产生酱油、味噌、豆腐，料理烹饪的最常见手法"出汁"诞生	怀石料理
江户时代（德川幕府）	公元1603年—1868年	以江户为中心的关东料理，以大阪、京都为中心的关西料理。木鱼花、昆布、酱油广泛运用，日本料理诞生	会席料理
明治时代	公元1868年—1912年	区分"和食"与"洋食"，日本"和食"诞生；肉食解禁，开始大量食用牛肉；铁板烧出现	和食
昭和时代	公元1926年—1989年	以米饭为主的饮食形式一直被传承下来	日本料理定食

第二节 日本料理烹饪方法和饮食特点

一、日本料理的流派

在社会历史变迁中不断变化和形成的日本料理，经历融合与发展、包容与变革、吸收与变化，在坚守日本传统饮食文化和民族风格的基础上，饮食蓬勃发展，最终形成了本土地域色彩鲜明的日式饮食文化。在这个过程中形成了许多日本料理流派，都是不同时期饮食文化的特色代表，但是对于日本料理的变化和发展过程均有不同程度的影响。

1. 社会历史的变迁和饮食文化的发展历程

绳文、弥生、古坟、飞鸟这些一般归为上古时代，这是日本文化的开始，也是饮食文化的开始。日本在这一时期开始学习种植水稻，有粮食收获，日本大米文化形成。

然后是奈良时期，这一时期受中国唐朝影响，"肉食禁令"颁布，素食文化崛起，这一时代诞生了"神馔料理"，这是日本料理的雏形。

再后来进入平安时期，开始进入将军、武士时代，产生"大飨料理"，这是日本料理用餐礼仪的形成时期。

然后是镰仓时期、室町时期、安土桃山时期，这是日本幕府、武士、战国时期，饮食文风发展时期，出现了代表大乘佛教的"精进料理"、幕府的"本膳料理"、寺院的"茶怀石料理"，茶道文化和餐饮文化融合，素食文化促进了日本料理重要的集中烹饪方法和食材的诞生，比如，豆腐和豆制品发展到酿造技术，出现味噌、酱油，再发展到日本料理的代表手法"出汁"，奠定了日本料理的分餐、份饭制度的形成。

再后来的江户时代，是烹饪饮食文化的大发展时期，出现了"会席料理"。区分出不同的流派：关东料理和关西料理等。流派的出现说明一个菜系形成或者说是一个国家的饮食文化形成，最终形成日本料理（图2.7）。

图2.7 江户时代最著名的八百善料亭

日本料理的发展形成的过程。

大米文化 ——→ 日本料理雏形 ——→ 用餐礼仪形成

形成流派 ←—— 分餐、份饭制

2. 料理的流派

江户时代，政治经济文化的中心由京都、大阪转移到了江户，促进了关东料理的发展，形成了关东和关西两个基本流派（表2.2）。这一时期上层阶级的饮食逐渐普及到平民，再加上长期存在于民间的庶民料理在江户时期蓬勃发展，各种小食摊和料理屋的增加带来了饮食方式的多样化。这个时期人们开始重视"旬""鲜"的概念，新鲜的应季食材，即使价格高昂也会备受推崇。

关东流派：以江户地区（东京）为中心的关东料理，日本人又习惯称"江户前"，即指江户的东京湾。关东流派产生于日本江户，多用鲣鱼干刨出的鲣鱼花（木鱼花、柴鱼片）提取出汁为基础，关东地区的浓口酱油被广泛运用在烹饪食材的调味和着色上，也被称为"江户料理"。"江户料理"与"本膳料理""怀石料理"不同，完全发自于民间。既有面向富裕阶层的高级会席料理，又有面向百姓的价格实惠的荞麦面，盖饭等。以此为基础，形成了现代日本料理的各种食文化。其代表性菜肴有：寿司、天妇罗、荞麦面、关东煮、蒲烧鳗鱼。

关西流派：以京都、大阪为代表性的菜肴。京都由于水质特别好，而且是千年古都，寺庙多，料理中蕴含了丰富的文化元素，并且受到"大飨料理""精进料理""怀石料理"的影响，制作出来的菜肴一般都有宫廷、寺庙的特点，用蒸煮法做出来的菜很可口，如汤豆腐等。大阪作为江户时代经济、物流的枢纽，不但集中了濑户内海出产的海鲜、海产品，还汇集了各地来的各类食材。关西流派以昆布提取出汁为基础，被称为"上方料理"，也称"关西割烹"。由于离海较远，新鲜的海产品比较匮乏，因此有适合长期保存的箱寿司（押し寿司），以晾晒后的干海产品作为食材。上方料理汇集了京都与大阪的精华，同时与关西地区出产的日本酒，京都的京漆器及周边出名的陶瓷器制作的精美食器完美地融合，逐渐形成了既可品尝又饱眼福的食文化。"割烹"被看作高档料理的代名词，目前把"会席料理""精进料理""怀石料理"都统称为"割烹料理"。

表2.2 日本料理流派

流派	地域	出汁	代表料理	代表菜肴
关东流派	江户城	木鱼花	江户料理	寿司、刺身、天妇罗、蒲烧鳗鱼、关东煮、荞麦面
关西流派	京都 大阪	昆布	上方料理、割烹料理 会席料理、怀石料理	章鱼烧、大阪烧、乌冬面、箱寿司、河豚料理、京都渍物、抹茶料理、寿喜锅

📖 相关知识

刺身

中国早于周朝就有吃刺身的记载。据《诗经》记载，西周时期，宣王的重臣——尹吉甫在征伐北方凯旋设宴之际，把萝卜切成丝，撒在盘子上，并在其上方摆上切薄了的生鲤鱼片。《礼记》又有："脍，春用葱，秋用芥"，《论语》中又有对脍等食品"不得其酱不食"的记述，故先秦之时的生鱼脍当用加葱、芥的酱来调味。

刺身如今是日本料理中最具特色的美食，罗马音为sashimi。"刺身"一词是日本室町时代开始产生的。由于切成薄片的鱼肉难以知道是什么鱼，厨师为了表明所做的"さしみ"用的是某种鱼，就把该鱼的鳍插在上面，于是就有了"刺身"的说法，同时，所插的鱼鳍除了有表明正身的作用外，也是一种装饰。

在镰仓时代，人们一般会把刺身做成醋拌生鱼丝，或蘸着山葵醋、生姜醋吃。自室町时代，酱油出现，生鱼蘸酱油和山葵便成了普遍的吃法。

江户末期，刺身普及到平民阶层，并逐渐通过演变形成了现在的形式。京都除鲤鱼这样的淡水鱼外很少有其他新鲜的鱼类，而江户的新鲜鱼类非常丰富，自然而然刺身料理在江户就非常发达，出现了专门制作销售刺身的"刺身屋"。

二、日本料理饮食结构

对于一个全新的烹饪文化的认识，了解其基本结构是烹饪工艺和饮食文化学习的最好途径。饮食结构不是膳食结构，是学习不同国家或地区的菜肴结构，是尽快理解不同饮食文化下，形成的特色饮食的组成结构。

日本料理的饮食结构很难一下子说清楚，主要是日本料理在不同的时期出现不同的宴席料理的形式很多，日本料理又特别注重用餐形式。目前大家常常看到的日本料理餐厅大多是本膳料理、怀石料理、会席料理、割烹料理、高级料理亭、居酒屋、寿司屋、弁当屋、寿喜锅、大阪烧、铁板烧、定食料理等，形式非常多。

追溯日本饮食的变迁，可以得知日本饮食形式受到各种各样的影响，一些新的料理形式也随之不断出现。但是各种不同形式的饮食都有一个共同的核心——以米饭为主的饮食形式一直被传承下来。日本料理在漫长的历史岁月中不断发展，灵活吸收了各种饮食文化的精华，汇聚了日本饮食文化的魅力。

1. 本膳料理（ほんぜんりょうり）

本膳料理起源于室町幕府时代，以传统的文化和习俗为基础，是正统的日本料理体系，也是其他传统日本饮食形式与做法的范本，是日本礼法制度下的产物。现在正式"本膳料理"已不多见，只出现在少数的正式场合，如婚丧喜庆、成年仪式及祭典宴会上。"本膳料理"按照每人一份的原则，根据严格的礼仪流程进餐，在明治维新以后逐渐消失，现在有些料理店标明提供的"本膳料理"，实际上是介于"会席料理"和"本膳料理"之间，菜肴结构形式的混搭。从最初的料理以一汁（汤）三菜为基本，到现在会根据招待与场面大小增加料理的品数，如二汁（汤）五菜、三汁（汤）七菜、三汁（汤）十五菜，但菜肴数一定是奇数（图2.8）。

一の膳	炖菜、米饭、咸菜
二の膳	汤为清汤，菜品有拌凉菜、二款炖菜
三の膳	汤为海鲜汤，菜品有生鱼片、小碗煲汤
与の膳	烤制食品（多为烤鱼）
五の膳	羊羹、煮甜豆、鸡蛋卷、鱼糕类的小吃

图2.8　本膳料理

2. 怀石料理（かいせきりょうり）

日本料理最有名气的怀石料理诞生于日本安土桃山时期。日本茶道创始于安土桃山时代，鼻祖千利休创造了日本的抹茶道。最初为了防止空腹饮茶引起肠胃不适，要提供一些食物给客人垫底，但又不能因口腹之欲破坏了茶事的禅意，所以有少量清淡的简餐。千利休把茶会之后的酒宴从茶会中剥离了，视茶会为纯粹品茶的场所，更重视闲寂的精神追求，并且坚持"一汁（汤）三菜"（以米饭为基本，汁是味噌汤，三样菜是：醋拌生鱼丝、煮的菜和烤的菜三种）作为茶道饮食的理想数量，这就是大名鼎鼎的"茶怀石料理"。用餐礼仪受茶道的影响，要求日本料理客人吃饭时一定要手捧饭碗，使用筷子取代勺子进餐等，作为成规流传到现在（图2.9和图2.10）。

图2.9　怀石料理菜肴1　　　　2.10　怀石料理菜肴2

据日本古老的传说，在千利休时代，伴随茶道的饮食也被称为会席。据日本《南方录》记载，为了将闲寂茶的饮食与各种大名茶的饮食区别开来，借用了与"会席"同音的"怀石"一词。书中就记载了大家耳熟能详的故事——怀中抱石，因为僧人怀石在禅林中也称为菜石，将烤热的温石放入怀中以温暖肚腹，演变为能方便享用的"怀石料理"。现代日本高级料亭和料理屋等提供怀石料理的日本料理餐馆有的还会特地标示"茶怀石料理"，以示区别。

怀石料理秉承三大原则，即"使用应时的材料""有效利用食材本身的味道""怀有热情和关切的心情来烹调"。这些原则也强烈反映着创始人千利休闲静的思想特色。

怀石料理制作要点：只有应时的食材才能列入菜单；在重视季节感的同时，还要最大限度地展现出食材的色、香、味等特点；即便是从食材上切下来不要的东西也决不能浪费；菜单中出现的海产、野味和家常菜的组合不能有重复；盛装食物的餐具配置组合也很讲究（表2.3）。

表2.3　传统怀石料理菜单

饭（めし）	米饭（大米、红豆饭、五谷饭）
汁物（しるもの）	味噌汤（酱油味汤、盐潮汁）
向付（むこうづけ）（此时不是刺身）	红白脍（糖醋红白萝卜丝）
煮物（にもの）	煮物（豆腐、香菇、萝卜）
烧物（やきもの）	烤鱼（秋刀鱼、竹荚鱼、青花鱼）

　　怀石料理精致细腻，不是饕餮盛宴。怀石料理承载了日本人对自然的感恩与敬畏，体现了日本"和食"文化以及一期一会的茶道精神。怀石料理餐厅好像一个世外桃源，无论你在社会中是何种身份、地位，背负着怎样的责任、使命。当你进入怀石料理餐厅，直至离开的这段时间，仿佛穿越了时空，来到尘世之外的极乐世界。放下一切，静心感受了自然的每一滴水、每一片叶、每一阵风。品尝的料理有些看起来十分朴素淡雅，但每一粒米、每一口汤都饱含了日本料理师满满的心意。庭院的景观空寂幽静，能治愈人的焦虑、烦躁，就好像是与日料的心灵接触（图2.11）。

图 2.11　怀石料理餐厅风景

3. 会席料理（かいせきりょうり）

　　会席料理源于本膳料理，原本是吟诗作赋的聚会，再以"膳"的形式为每一位客人提供一套菜肴。后来发展成各种仪式、宴会中最正式的料理形式。由于日文发音中"怀石料理"也是（かいせきりょうり），因此很容易被混同。简而言之，怀石料理是为了品茶，会席料理是为了吟诗作赋品酒。在江户时代，会席料理是由被称为"料理茶屋"的料理店提供，为了适合酒席的需要在料理上下了很大工夫。会席料理的菜单中最基本的形式也是"一汁（汤）三菜"。"一汁"指吸物，是为配合酒席的略带汤汁的煮物料理，不但追求煮物的美味，还讲求汤汁的鲜美。"三菜"指刺身、烧物和煮物，后来发展为配上前菜（お通し）、炸物（揚げ物）、蒸物、拌菜（和え物，酢の物）等酒肴，最后献上主食米饭、大酱汤（味噌汤）、香物（浅渍蔬菜）、和式甜点，一套丰盛的会席料理就应运而生了。

　　日本料理的饮食结构在会席料理中最完善，所以一般以会席料理的菜肴结构来分析日本料理的饮食结构（表2.4）。

表2.4　日本料理饮食结构

	茶怀石料理	现代怀石料理	会席料理
1	饭（めし）	饭（めし）	先付（さきづけ）
2	汁物（しるもの）	汁物（しるもの）	椀物（わんもの）

续表

	茶怀石料理	现代怀石料理	会席料理
3	向付（むこうづけ）	向付（むこうづけ）	向付（むこうづけ）
4	煮物（にもの）	椀物（わんもの）	煮物（にもの）
5	烧物（やきもの）	烧物（やきもの）	钵肴（はちざかな）
6		钵肴（はちざかな）	强肴（しいざかな）
7		箸洗い（はしあらい）	前菜（お通し）
8		八寸（山の幸、海の幸）	扬物（揚げ物）
9		强肴（しいざかな）	蒸物（茶碗蒸し）
10		汤桶と（おこげ）	香物（酢の物）
11		甘味（あまみ）-和果子-	止肴（とめざかな）
12			食事（しょくじ）
13			饭（めし）
14			汁物（しるもの）
15			水菓子（みずかし）

4. 割烹料理（かっぽうりょうり）

日本江户时期关西流派的一个重要代表就是"关西割烹料理"，最早出现于日本关西的大阪，直到20世纪后半段，有了煤气、橱柜、冰箱等电器，才使得割烹在关东地区也流行开来，到今天已经是高档日本料理的代名词，它包括本膳料理、怀石料理、会席料理的精华，善用当季新鲜食材，发挥本味。到了现代，割烹的最大的特征是以吧台和餐桌为中心的开放式厨房，师傅配合客人的需求喜好量身定做菜肴，而客人也能一边欣赏师傅做菜一边享受料理。"割烹、板前、寿司吧台"等，都是割烹料理的特色。

"割烹"一词中，"割"是指用菜刀切割，"烹"是指用火烹煮或是吊出鲜汤。割烹最早是位于京都的割烹店"浜作"，开业于昭和初期。能在招牌上挂着割烹的餐厅，就是一种对品质的承诺。"割烹"分别代表"切割"与"烹煮"，是两道简洁但见功力的烹饪工序，看似简单，实则对原料的品质要求极高。发展到现在，割烹料理呈现出巨大的魅力，特别是餐厅一般摆放长条形的木制吧台，料理长站在吧台后，与客人寒暄，介绍今日的菜单，然后一边制作料理，一边与客人进行交流，从当季食材，到餐厅使用的器具。这种注重交流性的料理与高档料亭的私密性有明显区别，最典型的是现在的各种高级寿司店、天妇罗店、铁板烧等，因为要现场制作来吃，所以基本都是客人与厨师面对面，坐在吧台前的这些料理都可以称作割烹料理（图2.12）。

5. 定食

日本自古以来就受到中国文化的影响，在大约160年前的幕府末期，又受到西方文化的影响，形成了极富美感和创造性的日本料理饮食文化。定食也受到了各种各样文化的影响，并实现独立的发展。自明治维新以来，日本近代经历了战争期间和战后的粮食危机，灵活吸收各国的饮食所长，在饮食文化方面获得更进一步的发展。

图 2.12　割烹料理

追溯日本饮食的变迁，可以得知日本饮食形式受到各种各样的影响，一些新的料理形式也随之不断出现。但是各种不同形式的饮食都有一个共同的核心，就是以米饭为主的饮食形式一直被传承下来，与当今的定食一脉传承。坚守传统饮食文化的精髓，在此基础上灵活吸收外来的文化，不断进步发展，这就是日本的定食。

日本料理餐饮店里，经常能在菜单上看到炸猪排定食，这种在"定食"二字前面加上主菜名称的菜品，主要包括：米饭、味噌汤、腌菜、菜肴。

定食是日本人日常饮食中最为典型的饮食形式。定食有一个特点，即所有的菜肴都同时上桌，这也是日本饮食文化的一种形式。采用先吃米饭，再品汤汁，再吃米饭，接下来才吃菜肴，最后再吃米饭。这种以米饭为中心的食用方法是日本独有的，已经深深融入日本人日常的饮食生活当中，不仅健康、营养均衡、极具美感，能让人们的五感得到充分享受，而且十分讲究食物的精神内涵，具有多样的特征。定食深受广大日本民众的喜爱，是一种能让人们的身体和心灵同时得到满足的饮食样式，也和日本饮食文化的发展历程有着深厚的联系。

日本自古就将衡量大米产量的计量单位"石高"视为财力的象征。大米自古以来就在日本占据着独特的地位。在饮食文化中，也是以米饭为主食，以菜肴为副食（与主食搭配的食物），将米饭作为饮食的核心。在京都，人们将菜肴称作配菜，从中也可看出米饭为主，菜肴只是辅助米饭的食物。

定食文化：在春夏秋冬四季的更替中，可以充分享受原野和大自然带来的每个季节的山珍海味，在此基础上发展形成了日本的饮食文化。日本的饮食文化，其实就在于品尝原汁原味的自然馈赠。充分利用时令的食材，展现不断变化的每个时节中转瞬即逝的饮食之美。每个时节的食材刚开始出现的时间称为"初"，最佳的品尝时间称为"旬"，时令已过称为"惜"。品尝四季独特的食材，感受季节的变化，是日本饮食文化的一大特色，日本的定食文化也体现了这一精神。

定食也是当今日本社会最常见的饮食结构，完美地包含了日本料理的文化精髓，浓缩了日本料理的各种饮食文化发展中形成的特色，可以说"定食"是日本料理的代表。

三、日本料理的特点

日本料理的独特风格形成同其地理环境以及东方传统文化分不开的。

日本是太平洋西北部的一个岛国，四面临海。西面是日本海，东面是太平洋，近海及远洋捕鱼业非常发达。日本多山，适于耕作的土地不多，但是，水网纵横，土地肥沃，四季分明，气候温暖，雨量充足，夏天常受台风的影响，冬天日本海沿岸雨雪较多，而太平洋沿岸则经常是晴天。在漫长的历史年月中，日本创造了具有独特风格的传统文化，与中国、东南亚各国的交流，使得日本的传统文化更加丰富多彩。这些都对日本菜的独特风味产生了深刻的影响。

1. 日本料理烹饪的特点

在料理的制作上，要求材料新鲜，切割讲究，摆放艺术化，注重"色、香、味、器"四者的和谐统一，不仅重视味觉享受，而且很重视视觉享受。

2. 日本料理装盘的特点

日本料理要求色泽自然、味鲜美、形多样、器精良。

3. 日本料理烹调方法

日本料理基本由五种调理手法构成，即切、煮、烤、蒸、炸。和中国菜肴制作相比，日本料理的烹饪法比较单一。

4. 日本料理菜肴的特点

日本料理菜肴一般都着重自然的原味。"原味"是日本料理首要的追求。烹调中讲究烹调方式，菜肴制作和装饰、装盘十分细腻精致。从数小时慢火熬制的高汤到调味与烹调手法，均以保留食物的原味为前提。

5. 日本料理的感官特点

由于大多菜肴是以糖、醋、味精、日本酱油、柴鱼、昆布等为主要的调味料，除了品尝菜肴香味以外，味觉、触觉、视觉、嗅觉等亦不容忽视。吃日本料理也十分讲究，一定要热的料理趁热吃、冰的料理趁冰吃，这样才能在口感、时间与料理食材上相互辉映，达到百分之百的绝妙口感。

日本料理是用眼睛品尝的料理，更准确地说应该是用五感来品尝的料理。即眼：视觉的品尝；鼻：嗅觉的品尝；耳：听觉的品尝；触：触觉的品尝；舌：味觉的品尝。料理要能品尝出五味，五味可能同中国烹饪相同，甜酸苦辣咸（图2.13）。并且料理还需具备五色，黑白赤黄绿（图2.14）。五色齐全之后，还需考虑营养均衡。

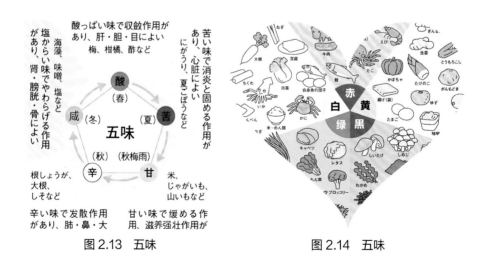

图 2.13　五味　　　　　　　　　　　　图 2.14　五味

日本人把日本菜的特色归结为"五味，五色，五法"。

五味是：春季的酸、夏季的苦、梅雨季的甘、秋季的辛、冬季的咸。

五味延伸至一切的中心：淡淡的鲜味，出汁。日本料理的出汁，是从鲣鱼干（图2.15）及晒干的海带中提取制作而成的。鲣鱼干是将鲣鱼用一种十分特殊的方法干燥而成的，中国没有这种制法。在日本，成品鲣鱼干有专门的公司制作提供。并且，鲣鱼干的部位不同，做出的出汁味道不同，用途也不同，也有用青花鱼做的。昆布也是晒干的，用海带制作而成。在中国，对于海带没有很细的区分，而制作日本料理出汁所用的昆布必须区分其品种，是不是两年藻，是否在夏天收割，是否当天收割晒干而成、晒干后的加工方法又有严格的规定等，绝非一件容易之事（图2.16）。鲣鱼干与昆布的组合，关系到制出怎样的出汁，而出汁的味道又关系到料理的味道。另外还有用沙丁鱼、鱼、干贝、虾、鱼骨等制成的出汁（图2.17和图2.18）。出汁虽然很清淡，但充分体现原材料的精华，色泽透明。

图2.15 鲣鱼干

图2.16 昆布

图2.17 木鱼花

图2.18 柴鱼花

五色是绿春、赤夏、白秋、玄冬、玄黄，对应的是食材的颜色和季节更替。

五法是指主要的烹饪方法：切、煮、烤、蒸、炸。

日本料理的首要特点是季节性强，不同的季节要有不同的菜点。可以这样来比喻，四季好比经度、节日好比纬度，互相交织在一起，形成每个时期、每个季节的菜。菜的原料要保证新鲜度，什么季节要有什么季节的蔬菜和鱼。其中蔬菜以各种芋头、小茄子、萝卜、豆角等为主。鱼类的季节性很强。

日本四面环海，到处有丰富的渔场，而且日本沿海有暖流，也有寒流。人们可以在不同的季节吃到不同种类的鲜鱼，例如：春季吃鲷鱼，初夏吃松鱼，盛夏吃鳗鱼，初秋吃鲭花鱼，秋吃刀鱼，深秋吃鲑鱼，冬天吃鲋鱼和海豚，这种大自然的恩赐，使日本人可以吃到不同季节的鱼。肉类以牛肉为主，其次是鸡肉和猪肉，但猪肉是较少用的。另外，使用蘑菇的品种比较多。

日本菜在烹制上主要保持菜的新鲜度和菜的本身味道，其中很多菜以生吃为主。在做法上也多以煮、烤、蒸为主，带油的菜是极少的。煮法上火力也都以微火慢慢煮，似开非开，而且烹制的时间长。在加味的方法上大都先放糖、味酥酒，后放酱油、盐，因糖和酒不但起调解口味的作用，而且还能保持素菜里的各种营养成分。味精也尽量少放。在做菜上大都以木鱼花汤为主，极少使用水。因此，日本料理烹调木鱼花汤是很重要的，就如中餐的鸡汤，西餐的牛肉汤一样重要。所以高级的菜都是用木鱼花汤和清酒为主，而且清酒的使用量很大。料理使用的酱油有三种，即淡口、浓口、重口。淡口即色浅一点，浓口即一般酱油，重口颜色深而口味上甜一点。在菜的口味上，小酒菜以甜、咸、酸为主，汤菜以清淡为主，菜量少而精。配菜的装饰物随季节而变化，有花椒叶、苏子叶、竹子叶、柿子叶、菊花叶等。日本采用四季不同的花和叶来点缀菜点，这就更能表现出怀石料理的内容了。日料使用的大酱也是多种多样的，一般早餐用信州大酱或白大酱作酱汤，午晚用赤大酱作酱汤。

日本料理的基本特点是：第一，季节性强；第二，味道鲜美，保持原味清淡不腻，很多菜都是生吃；第三，选料以海味和蔬菜为主；第四，加工精细，色彩鲜艳。

日本料理的食材选材重视季节感（旬），重视营养搭配，讲究原汁原味，因此不但味道鲜美而且营养均衡。日本料理的盛装摆放讲究色调搭配，意境营造，使用精巧细腻的餐具配合，因此日本料理也被称之为"用眼睛品尝的美食"。可以说，只有具备"色、香、味、器"四者的和谐统一，才能称得上正宗的日本料理。日本料理是日本饮食文化的体现，随着日本饮食文化的形成与发展，日本料理的观念、烹饪方法、饮食习惯等都在不断地变化。

📋 相关知识

1. 日本厨刀

日本国内，有句俗语：西有"有次"，东有"正本"。

正本的名气之大，凡是职业寿司师傅，无人不知，无人不晓。正本创业当初，正值"废刀令"盛行的时候。当时，民众和武士阶层被禁止带刀，迫使全日本的传统刀具作坊纷纷从"武士刀"转攻菜刀。正本一举发展成为日本的顶级品牌。正本的"和庖丁"曾在美食杂志评估分类中得到最高级的榜首的评价。一把上好的正本寿司刀要2000美金以上（图2.19）。

有次诞生于1560年，是日本最古老的刀具品牌。有次的菜刀多用钢材制造，清爽的手感是它的魅力所在，在专业厨师中非常受欢迎。美中不足的是其所用钢材容易生锈，很不好保养（图2.20）。

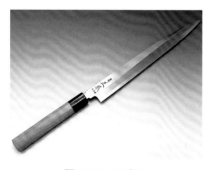 

图2.19　正本刀　　　　　　　　　图2.20　有次刀

旬SHUN：主要是针对海外市场打造的，作为顶级厨刀，旬是在以生产刀具而闻名的日本关市通过传统手工工艺打造而成，号称"每把刀在面世之前都要经过100道程序"。旬的灵魂——日本"武生特制钢"诞生于日本越前地区，这种不锈钢材作为日本乃至世界范围内的优质钢材而为人们所熟知。

2. 日本洋食

明治政权的确立，标志着日本近代历史正式开启。也是从这个时候开始，日本实行了200余年的闭关锁国政策宣告终结，打开国门，提倡"文明开化"，欧美文化开始进入日本列岛。由此带来的变化不仅体现在政治、经济等方面，更体现在民众日常生活中，饮食，就是其中重要的一部分。

可乐饼：在明治时期传入日本，其原型为法式炸肉饼（croquette）。

咖喱饭：由英国人传入，1963年，好侍（House）食品公司开发出著名的"百梦多咖喱"，这种块状咖喱不仅食用方便，口味上也根据日本人喜好做出调整，减少了很多辛辣成分，加入苹果汁和蜂蜜，使味道更加香甜柔和。日式咖喱已经在全球得到普及，成为一种与泰式咖喱、印度咖喱分庭抗礼的咖喱种类。

炸猪排：1895年，西式方法制作的煎猪排开始变革为炸猪排。采用天妇罗的方法，深油炸猪排，再淋上特制的日式酱汁，吃起来很有满足感，配上米饭、圆白菜丝、味噌汤是非常经典的日式美味。

第三节　日本料理厨房结构和岗位设置

一、日本料理厨房结构

在食品的烹调方法和菜肴制作、出品上，日本料理和西餐厨房都有比较大的区别。因此日本料理厨房和西餐厨房结构、布局有很大的差异，特别是在厨房日常运作的流程上。

日本料理厨房设计是由工程、土建和装修公司来共同完成的，但是厨房的使用者必须事先参与厨房结构的设计和布局的规划，并把日常的工作流程、布局上的建议提供给工程设计方，由他们具体实施。因此要成为一个合格的料理长，必须学习、了解和掌握好厨房的结构设计。

厨房结构和布局所涉及的知识有：厨房结构、厨房设计、厨房布局、厨房工作流程、厨房工作制度等。合理的厨房结构、厨房的设计、厨房的布局等知识是厨房管理的前提，而厨房的组织结构、工作流程、工作制度等是厨房管理的有效手段。

二、日本料理厨房的厨师结构

日本料理店一般设置的厨房厨师结构由以下几个岗位构成：

料理长：职责是负责料理店厨房的所有经营、生产、组织、管理工作。料理长必须熟悉日本料理店的经营方法；掌握日本料理生产过程的每一个环节；有能力组织管理好全体厨房员工，不断地提高员工素质和团队精神；具有现代餐饮企业管理经营能力。

副料理长：职责是协助料理长的日常工作，重点是厨房菜肴质量的监督和生产环节的监督管理。副料理长必须要有良好的人际沟通能力和生产技术能力，在日常工作中能有效地和各级管理厨师进行沟通，并监督管理好日常生产经营过程。

日本铁板烧厨师：职责是各种铁板烧菜肴的生产制作。必须做好每天供应菜肴的原料的加工、准备、烧烤汁、菜肴现场烹调和卫生工作。铁板烧厨师必须注意仪容仪表，特别是工作场所的卫生工作。

煮台厨师：职责是做好日本料理烹调中的各种煮物和基础汤汁的准备和制作工作。煮台厨师必须对每天烹调中使用的原料的加工、准备和使用量有良好的控制能力和高超的菜肴制作水平；煮台厨师还必须负责料理厨房里的各种汤汁的制作和保存。

炸台厨师：职责是负责日本料理菜肴中炸制菜肴的制作。炸台厨师必须有很好的成本管理能力，特别是在对炸油的使用、保存以及更换。

烧台厨师：职责是日本料理菜肴中各种烧物的制作工作。烧台厨师必须有良好的工作技巧，能掌握好各种烧物原料的烹调时间和烹调方法。

厨房学徒：职责是各个岗位的菜肴的基础加工、制作、卫生清理工作。日本料理厨房除各级厨师外就是各个不同岗位的厨房学徒工，他们是厨房运作的基础，是厨房菜肴制作中质量的保障。厨房的各级厨师都有培训、教育厨房学徒的职责。

三、日本料理厨房布局

厨房布局中厨房结构、流程的设置能服务于餐厅，满足餐厅菜肴的制作需求，以及最小化的厨师人员搭配、需求等，以达到最大的经营效益。

厨房布局是指根据餐厅的大小和功能结构，有效地设计厨房加工和生产的部门，最大化地规划出厨房的整体规模，以提高餐厅经营面积，从而提高餐厅的经营利益。

日本料理厨房的布局一般由以下几个部门来构成。

铁板烧部：顾客围坐在扁平的铁板周围，厨师当场操作，边吃边煎。铁板烧部的主要任务就是提前准备好各种原料和调料，预先制作好要使用的汤汁和装饰物，然后当着客人烹调好食物，最后是卫生工作。当然铁板烧厨师还有个重要的任务：和顾客进行适当的沟通，带给顾客美好的用餐体验。

煮物部：煮物部的厨师要完成各种先付、冷菜、先碗、煮物、酢物、止碗、渍物、食事、锅物中的菜肴的煮制烹调和加工。由于煮物部的工作量最大、最烦琐，人员配备也最多，有的日本料理厨房在工作中细化为：沙拉房、汤汁房、面条房、火锅房。

炸物部：也称扬物，负责日本料理中油炸菜肴的制作，主要是日本料理中天妇罗的制作。

烧物部：负责日本料理中的各种用明火或暗火烤制食物的烹调方法。由于日本料理在烧烤烹调的时候喜欢使用明火烤炉，烧制食物的时候需要专人处理，所以日本料理烧物部实际上负责烤的烹调方法。常见的如烤鳗鱼、盐烤秋刀鱼等。

初加工部又分为以下五个部。

洗碗部：由垃圾清理、洗涤、消毒、餐具存放等组成；负责餐厅的餐具、酒具洗涤和厨房的简单工具洗涤工作；负责餐厅餐具的保管、存放；工作完毕后，负责检查餐具数量、场所卫生干净。

库房部：由成品库、半成品库、原料库、调味品库、保鲜库、冷冻库组成；主要是厨房的一切原料、调料的保存与保管；还包括厨房的成品、半成品的保存与保管。

办公区：由消毒部、办公室、更衣室组成；是员工上班前消毒、签到、更衣的区域，也是料理长办公场所。

备餐区：备餐区是厨房与餐厅的第一接合部，是服务员点菜完成后下单的区域，也是服务员出菜的地方。一般设有出餐台、预备台、餐具回收台、一般洗涤台、垃圾回收台等，以便接收服务员点菜单、端菜出菜、回收餐具等工作。

进货区：由验收部、办公室、总库房组成，是各种原材料进入厨房的区域。

四、日本料理寿司吧结构

日本料理的寿司和刺身厨房结构如下。

（一）寿司吧

在日本料理餐厅里有一种厨房设置在餐厅前台，格调像西餐酒吧的厨房。在寿司吧里有简单的厨房设备和制作区域，厨师在里面现场制作各种寿司和刺身等食物。寿司吧（sushi bar）是在一个酒吧式的台边用餐，客人可以看见厨师现场表演制作。一边看厨师的手艺，一边吃饭，一边和厨师聊天，相当自由，所以现在十分流行。寿司吧也提供其他刺身产品（图2.21）。

（二）回旋寿司

在日本料理餐厅里还有一种厨房结构就是回旋寿司店，其特色就是在料理店中间区域布置一个厨房，厨房的餐台由能回旋转动的机械带动。厨师把制作好的寿司或刺身放在传送带上，客人坐在前台可以根据喜好自己取用（图2.22）。但是按照寿司美食家的说法，真正的寿司，是用手一点点捏出来的，而亲眼看到厨师捏寿司的每个细微动作，更是吃寿司的一种享受。回旋寿司因为省略了这一过程，总让内行的食客感觉缺少些什么。

图 2.21　寿司吧　　　　　　　　图 2.22　回旋寿司

第四节　日本料理特色原料介绍

一、日本料理厨房原料介绍

1. 日本酱油

日本酱油品牌和口味众多，价格也高低不等。常见的日本酱油有万字酱油（图2.23）或东字酱油（图2.24）。吃寿司或刺身的酱油分为淡味和浓味，其实就是有盐、无盐酱油。区别是在酱油盖红色的是浓味酱油，绿色的是淡味酱油。

2. 日本醋

常见的日本醋是寿司调和醋（图2.25）。日本米醋和中国米醋一脉传承，但是酿造工艺变革后，日本常用的米醋是白色透明的液体，和中国的黑色香醋区别很大，风味上更加突出酸味。

3. 猪扒汁

猪扒汁常用来制作、腌制猪肉类菜肴或是直接用做猪肉类菜肴调味（图2.26）。在日本料理制作常常出现半成品的酱汁，可以直接用来腌制原料，方便制作。

4. 拉面白汤

拉面白汤是制作拉面时对基础汤调味的调味料，主要作用是增白、增浓、增香（图2.27）。一般是用上等质量的猪骨头熬制浓缩后的白色汤汁，目前市面上常见的是味千拉面使用的汤底。日本料理非常讲究熬制猪骨头汤，一般熬制后放入冰箱可以长时间保存。

5. 炒面汁

炒面汁是制作日本炒乌冬面时常用的调味料，非常方便，所有味道都已调好，只需要按照一定的比例放入即可（图2.28）。

6. 烧肉汁

烧肉汁是烧物类菜肴烹调时常常使用的调味料（图2.29）。

7. 拉面汁

拉面汁是炒拉面的调味汁（图2.30）。

8. 日本清酒

清酒颜色清而透明，味道与中国的绍兴酒相似，是日本人经常饮用的酒（图2.31）。

图2.23　日本万字酱油　　图2.24　日本东字酱油　　图2.25　日本寿司醋　　图2.26　日式猪扒汁

图2.27 拉面白汤

图2.28 炒面汁

图2.29 烧肉汁

图2.30 拉面汁

图2.31 日本清酒

图2.32 纳豆

图2.33 日本荞麦面

9. 纳豆

纳豆与中国人食用的豆豉相同。由于豆豉在僧家寺院的纳所制造后放入瓮或桶中贮藏，所以日本人称其为"唐纳豆"或"咸纳豆"，日本将其作为营养食品和调味品（图2.32）。中国人把豆豉用锅炒后或蒸后作为调味料。目前制作日本料理一般买来的都是成品，直接使用即可。

10. 日本荞麦面条

荞麦面条是日本传统的面食，营养丰富，十分受日本人喜爱（图2.33）。

11. 日式面包糠

日式面包糠同西餐使用的面包糠最大的区别是，它制作得比较长，口感更好、颜色风味更多，有胡萝卜、土豆、紫薯、红菜头、绿茶、芝麻等味型（图2.34）。

12. 日式素面条

日式素面条是制作清汤面条的最好材料（图2.35）。

13. 乌冬面

乌冬面的主要原料包括小麦粉、盐和水（图2.36），口感偏软，介于切面和米粉之间，配上精心调制的汤料，就成为一道可口的面食。

图2.34 日式面包糠

L21无盐细龙须面　L22播龙无盐小麦面

田靡无盐 细面 中国进口商

图2.35 日式素面条

图2.36 乌冬面

14. 昆布

昆布是专门用来煮汤调味的一种带有梗部的海带块（图2.37）。日本人把昆布分为不同的级别，是日本料理出汁的一个主要食材。

15. 海苔

制作寿司的海苔，有不同的级别和颜色区别（图2.38）。

16. 芥末膏

芥末膏通常作为调味料，可以直接使用。由天然产的新鲜山葵制作而成（图2.39）。

17. 天妇罗粉

制作日本料理天妇罗的特殊炸粉（图2.40）。

18. 七味唐辛粉

一种带辣味的调味品，含有紫菜、芝麻、辣椒面等。日本人食用面食时都喜爱放它（图2.41）。

19. 味噌

味噌分白味噌和赤味噌。白味噌色白而味道跟大酱相似，只是甜味较重。赤味噌与中国黄酱颜色一样，只是味道没有中国黄酱咸，微带甜味（图2.42）。

20. 味酥

味酥是一种黄色透明的甜味酒，其用途与中国料酒相似，是烹调中不可缺少的调料（图2.43）。

21. 紫苏叶

紫苏叶具有去腥、增鲜、提味的作用，日本人多用于料理中（图2.44）。

22. 木鱼花

把鲣鱼清洗、晒干、烘烤后，用前用刨子将鱼肉刨成刨花，称为木鱼花（图2.45）。一遍木鱼花：制作一遍汤的木鱼花，此木鱼花色白，做出的汤清澈。二遍木鱼花：此木鱼花色发红，做出的汤微带红色。

图2.37　昆布

图2.38　海苔

图2.39　芥末膏

图2.40　天妇罗粉

图2.41　七味唐辛粉

图2.42　味噌酱

图2.43　味酥

图2.44　紫苏叶

图2.45　木鱼花

图2.46　樱花粉

图2.47　甜姜片

图2.48　青瓜渍

图2.49　裙带菜

图2.50　大根

图2.51　方形味付油扬

23. 樱花粉
樱花粉也称鱼松粉，是很好的调味、调色原料（图2.46）。

24. 甜姜片
甜姜片是一种渍物类的小食品或调味料，可做佐菜（图2.47）。

25. 青瓜渍
青瓜渍是一种渍物类的小食品或调味料，也是一种日式酱菜，可做佐菜（图2.48）。

26. 裙带菜
裙带菜是海中的一种海藻，叶片作羽状裂，形似裙带，故名（图2.49）。

27. 大根
大根是日本口味的咸菜。因为口味纯正，在当地深受大众喜爱。味道酸甜，特别清脆爽口（图2.50）。

28. 方形味付油扬
味付油扬是日本的一种带有调味的油炸豆制品（图2.51）。

二、日本料理寿司吧原料介绍

1. 寿司醋
寿司醋是制作寿司时必不可少的材料，寿司中的酸味就是由它而来的，也可自己制作，制作时也可以加入梅子，这样味道更好，而且有梅子的香味。日本原装进口寿司醋，带有淡淡的菊花香，具有勾兑醋所不能比拟的味道（图2.52）。拌在米饭中，通常比例是6：1，即六勺米饭一勺醋。

2. 日本稻米

月光稻米是制作寿司的特别大米，其次是秋田小町（图2.53）。

3. 人造大崎蟹肉棒

人造大崎蟹肉棒是刺身的鱼类原料，目前市面上价格差异巨大，通常价格越高品质越好（图2.54）。

4. 刺身金枪鱼

金枪鱼因产地不同，肉质也有区别，所以价格也有很大区别（图2.55）。

5. 金枪鱼边

金枪鱼边就是金枪鱼腹部的肉，但是口味极佳，因产量少价格极高（图2.56）。

6. 鱼子酱

鱼子酱（图2.57）共有四种类型：

鲟鱼黑鱼子酱（鲟鱼、鳇鱼、闪光鲟和小体鲟）；

鲑鱼红鱼子酱（大麻哈鱼、细鳞大麻哈鱼、大西洋鲑和大鳞大麻哈鱼）；

粉鱼子酱（白鲑、欧白鲑、明太鱼）；

黄鱼子酱（狗鱼、鲈鱼、鲻鱼）。

7. 北极贝

北极贝产于加拿大和大西洋深海属于无污染纯天然海产，其肉质丰厚细腻，味道鲜甜，富含铁和高不饱和脂肪酸ω-3等元素，有益于心脏，解冻即食（图2.58）。

8. 三文鱼

三文鱼是制作刺身的优质食材，其口感软滑细腻，有入口即化的感觉（图2.59）。

9. 鲭鱼

鲭鱼中除含有丰富蛋白质、脂肪外，还含丰富的硒、碘等微量元素（图2.60）。

图 2.52　寿司醋　　图 2.53　日本稻米　　图 2.54　人造大崎　　图 2.55　刺身金枪鱼
蟹肉棒

图 2.56　金枪鱼边　　图 2.57　鱼子酱　　图 2.58　北极贝　　图 2.59　三文鱼

图 2.60　鲭鱼

图 2.61　比目鱼

图 2.62　鳗鱼

图 2.63　鱿鱼

图 2.64　甜虾

图 2.65　八爪鱼

图 2.66　海胆

10. 比目鱼

比目鱼富含蛋白质、维生素A、维生素D及钙、磷、钾等营养成分，有助于降低血中胆固醇，增强体质（图2.61）。

11. 鳗鱼

鳗鱼含丰富蛋白质、维生素A、维生素D、钙、镁、硒等营养元素，营养价值高，被称作"水中的黄金"（图2.62）。

12. 鱿鱼

鱿鱼肉质鲜嫩，口感细腻，可加工成鱿鱼干，被国际海味市场列为"一级食品"（图2.63）。

13. 甜虾

甜虾是北海道的名产之一，甜虾刺身是不可错过的北海道美食（图2.64）。

14. 八爪鱼

八爪鱼含有丰富的牛磺酸，可以调节血压、抗疲劳（图2.65）。

15. 海胆

海胆营养成分丰富，含蛋白质、维生素、磷、铁、钙、脂肪等（图2.66）。

图 2.67　鲷鱼

16. 鲷鱼

鲷鱼营养丰富，富含蛋白质、钙、钾、硒等营养元素、可为人体补充蛋白质及矿物质（图2.67）。

17. 希鲮鱼

希鲮鱼是日本料理中的常见食材，一般多用于寿司店和自助餐厅（图2.68）。

图 2.68　希鲮鱼

第五节　日本料理菜肴制作

一、日本料理——先付（さきづけ）

（一）先付的概念

在日本料理中，先付的意思就是佐酒的小菜或是开胃菜，一般是在客人坐下的时候就提供给客人的很小分量的菜肴。先付小菜的口味一般以甜、酸、咸为主，种类多样。通常这种小菜是免费提供给客人的开胃菜，也可以作为客人等待厨师制作菜肴时佐酒的小菜。

先付的主要原料一般都是厨房里的各种菜肴原料在初加工时候的边角余料，厨师可以根据天气、季节等变化需求，加工成不同口味的小菜免费提供给顾客。先付体现了料理厨师对食物原料全部的认知和情感，挖掘食材的原本味道和营养价值。

（二）蔬菜先付的制作

实训一　酸甜藕片

实训目的：熟悉调制酸甜汁以及日本料理装盘格调。

实训要求：掌握藕的雕刻手法和菜肴制作方法。

实训原料：莲藕500克，菊之醋300克，白糖150克，昆布15克，盐10克，清酒5克，味醂2克，红色食用色素1克，芭蕉叶1片，海盐50克。

实训学时：1学时。

烹调工具：切刀、不锈钢盆、小刀、塑料切板、先付小盘、竹筷、台秤、量杯。

实训步骤：1. 在不锈钢盆内到入称量好的白糖、菊之醋、盐、清酒、味醂、昆布，调和好作为酸甜汁备用。

2. 莲藕去皮洗净，用小刀雕刻掉外皮多余部分后放红色食用色素染色。

3. 把染好色的莲藕放入调和好的酸甜汁中浸泡入味。

4. 先付盘上放海盐，再放芭蕉叶，最后把莲藕切片放上即可。

注意事项：1. 雕刻莲藕的时候注意藕比较硬，小心切到手。

2. 调色的时候注意颜色要自然。

（三）鱼类先付的制作

实训二　清煮翡翠螺

实训目的：了解贝类的基础加工和烹调方法。

实训要求：熟悉螺肉的初加工方法和菜肴制作工艺。

实训原料： 翡翠螺500克，白萝卜（切片）15克，姜片15克，水200克，清酒100克，香葱1根，味醂100克，白糖100克，昆布5克，日本酱油15克，盐10克。

实训学时： 1学时。

烹调工具： 切刀、不锈钢盆、小刀、塑料切板、先付小盘、竹筷、台秤、量杯。

实训步骤： 1. 先把翡翠螺放入开水煮3分钟，冲冷水后去掉螺盖。

2. 翡翠螺壳清洗干净，煮1小时后冲冷备用。

3. 锅内放清水、姜片、昆布、清酒、白萝卜片、翡翠螺肉煮15分钟。

4. 等翡翠螺肉软后，加入白糖、味醂、日本酱油、盐调味，大火浓缩。

5. 装盘时把螺肉回填入煮干净的螺壳内即可，配香葱1根。

注意事项： 1. 清理螺肉内脏的时候不仅是要清理沙肠，还要把它对剖开，清理里面的杂质。

2. 不同品质的螺肉煮制时间有较大的区别，原则是必须把螺肉煮软至能食用。

实训三　蒜香牛肉卷

实训目的： 了解制作菜肴的牛肉原料的品质和鉴别方法。

实训要求： 掌握好卷牛肉的技巧和煎肉的技术。

实训原料： 日本雪花肥牛150克，香蒜粒15克，香葱3克，色拉油10克，清酒10克，日本酱油10克。

实训学时： 1学时。

烹调工具： 切刀、不锈钢盆、小刀、塑料切板、先付小盘、竹筷、台秤、扒板。

实训步骤： 1. 把冰冻的日本雪花肥牛刨成薄片，中间放上香蒜粒和香葱，再把牛肉片卷起来备用。

2. 扒板上放少许色拉油，把牛肉卷接口的地方向下，煎上色后翻面。

3. 等牛肉成熟上色后，烹入清酒和日本酱油调味即可装盘。

注意事项： 该菜肴没有汁，关键就是控制好清酒和日本酱油的温度，使它成汁。

二、日本料理——前菜（お通し）

（一）前菜的概念

日本料理前菜的概念就是冷菜，和先付的功能大体一致，就是提供给客人佐酒的菜肴。前菜和先付的区别是前菜可以单上，也可三五种菜肴拼在一起上，而且前菜是顾客自己点的菜肴，菜肴的分量也就大一些，是要收费的。前菜一般制作精致小巧，口味多种多样，有开胃菜的风格特色。在怀石料理中前菜的色、香、味、形、器都是要使人心情舒畅，充满参禅的意念。日本料理厨师在制作怀石料理时菜肴千变万化、形式多种多样、装盘规格形式万千，每个厨师都会把自己对菜肴意念的理解和对原料的认知加以思考后再精心烹调菜肴，可以说每份小小的菜肴都倾注了料理大师的情感。

（二）蔬菜前菜的制作

实训四　凉拌菠菜

实训目的： 掌握怀石料理前菜的装盘、装饰风格特色。

实训要求： 掌握菠菜的氽水技术和调味汁的风味调制。

实训原料： 菠菜150克，木鱼花1克，昆布1片，淡味酱油5克，白芝麻1克，清酒2克，味酥2克，盐2克，清水50克，香菇1个。

实训学时： 1学时。

烹调工具： 切刀、不锈钢盆、小刀、塑料切板、前菜盘、竹筷、台秤。

实训步骤： 1. 菠菜清洗干净后捆绑好备用。

　　　　　　2. 烧开水，放少许盐，等水开后放入菠菜，氽水后冲冷、晾干备用。

　　　　　　3. 另一小锅内放清水、淡味酱油、昆布、香菇、味酥、清酒、木鱼花熬制15分钟，制成酱油汁冷却备用。

　　　　　　4. 前菜小碟内放上晾干的菠菜段，淋上熬制好的酱油汁，最后撒上少许木鱼花和白芝麻装饰即可。

注意事项： 蔬菜原料氽水的时候加少许盐可以使菠菜的颜色保持翠绿。有些料理厨师也出于营养健康的考虑把菠菜根留下，放在菜肴里面，但是顾客大多不喜欢菠菜根的口感和质地。大家可根据顾客实际需求进行调整。

实训五　冷玉豆腐

实训目的： 了解怀石料理对参禅的意境理解方式和菜肴制作观念。

实训要求： 熟悉菜肴装饰的技巧和色彩搭配的方法。

实训原料： 白玉豆腐50克，木鱼花1克，昆布1片，淡味酱油5克，白芝麻1克，清酒2克，味酥2克，海苔1克，清水50克，香菇1个，绿鱼子2克，紫苏叶1片，海胆5克，小葱1根。

实训学时： 1学时。

烹调工具： 切刀、不锈钢盆、小刀、塑料切板、前菜碟、竹筷、刨冰机。

实训步骤： 1. 选用上等的白玉豆腐，切块放入冰水中浸泡备用。

2. 另一小锅内放清水、淡味酱油、昆布、香菇、味醂、清酒、木鱼花熬制15分钟，制成酱油汁冷却备用。

3. 海苔切细丝、小葱切成葱花备用。香菇取出切碎备用。

4. 前菜碟上放浸泡好的豆腐，再配上熬制好的酱油汁，装饰紫苏叶1片。

5. 把海苔丝、葱花、白芝麻、海胆、绿鱼子、香菇碎配在旁边即可。

注意事项： 冷玉豆腐看起来制作简单，但是格调却很高雅，意境深远，因此做好这道菜肴的关键是料理厨师对菜肴中使用的各种原材料的产地、质地、品质的了解和选择。

实训六　木鱼烤茄

实训目的： 掌握菜肴制作方法和茄子的烤制时间与去皮方法。

实训要求： 熟悉日本料理装盘风格和特色，掌握汁的制作方法。

实训原料： 长茄1根，木鱼花2克，昆布1片，淡味酱油5克，白芝麻2克，清酒2克，味醂2克，海苔1克，清水50克，香菇1个，酸甜藕片5克，竹叶2片，味噌5克，葱花1克。

实训学时： 1学时。

烹调工具： 切刀、不锈钢盆、小刀、塑料切板、前菜碟、竹筷、不锈钢烤架。

实训步骤： 1. 在锅内把木鱼花1克、昆布、淡味酱油、白芝麻1克、清酒、味醂、清水、香菇熬制好，调入味噌制成糊状备用。把茄子放在不锈钢烤架上在火上烧软。

2. 前菜碟上放上竹叶装饰，再放上切段的去皮烤茄子，刷上味噌汁。

3. 撒上葱花、木鱼花1克、白芝麻1克、海苔，配上酸甜藕片即可。

注意事项： 1. 在火上烧茄子的时候火不能太大，别把茄子里面烧干了。

2. 味噌很咸，调制成味噌汁的时候千万注意。

（三）鱼类前菜的制作

实训七　海味三样

实训目的： 熟悉三种海鲜的口味与加工方法，掌握菜肴制作方法。

实训要求： 加工的时候刀工细致，成菜的时候装盘典雅大方。

实训原料： 竹节虾200克，鹌鹑蛋50克，香菇5克，黄瓜500克，海蜇头150克，白芝麻1克，青椒1只，红椒1只，清酒5克，味醂5克，西林鱼100克，蟹柳100克，白糖50克，白醋100克，盐2克，鳗鱼汁50克，辣酱15克，竹叶1片，鸡蛋100克。

实训学时： 1学时。

烹调工具： 切刀、不锈钢盆、小刀、塑料切板、前菜碟、竹筷、台秤、扒板。

实训步骤： 1. 先把竹节虾从虾背上切开，去沙肠。放上用鸡蛋、青椒、红椒、香菇、清酒、味醂等炒好的馅料，再在每个虾肉上面放一个鹌鹑蛋，放在烤箱内烤熟。

2. 把海蜇头用鳗鱼汁、辣酱、白芝麻凉拌好备用。

3. 把黄瓜片成大片，用白糖、白醋、盐水浸泡软，卷上西林鱼、蟹柳，用寿司席卷上挤出多余的水分，切段备用。前菜碟上分别放上三种不同口味的海鲜菜肴即可。

注意事项： 菜肴制作的时候刀工要求很高，特别是片黄瓜片的时候小心不要切到手。

实训八　马乃司焗生蚝

实训目的： 了解掌握生蚝的初加工方法和焗的烹调方法。

实训要求： 熟练撬开生蚝壳，掌握生蚝加工成熟的程度。

实训原料： 生蚝1500克，马乃司150克，味醂15克，清酒15克，七味粉5克，竹叶1片，酸甜藕片1片，黑胡椒1克，盐、白胡椒粉少许，蒜蓉5克，蛋黄1个，熟海胆5克。

实训学时： 1学时。

烹调工具： 蚝刀、不锈钢盆、小刀、塑料切板、前菜碟、竹筷、盐焗炉。

实训步骤： 1. 先把生蚝表面清洗干净，用蚝刀在生蚝壳中间撬开壳，取出肉备用。

2. 生蚝壳放入开水中煮干净后备用。

3. 马乃司和七味粉、蒜蓉、蛋黄、熟海胆调和备用。

4. 生蚝肉放锅内煎至收缩，放清酒、味醂、盐、白胡椒粉、黑胡椒等调味。

5. 把生蚝肉放回到壳里，淋上调和好的马乃司汁，入焗炉内烤上色。

6. 前菜碟内放竹叶，再放上生蚝，装饰上酸甜藕片即可。

注意事项： 生蚝初加工成熟的时候火候很关键，不能太熟。

（四）和风沙拉

和风沙拉就是日本风味沙拉，和风沙拉汁大多数是以糖、香油、白醋或柠檬汁制作而成。味道比一般沙拉重，主要是因为大多数的日式沙拉是混合蔬菜沙拉搭配什锦海鲜，酱汁较为酸甜是为了综合海鲜的味道，使沙拉与海鲜的味道得到融合。

实训九　什锦海鲜蔬菜沙拉

实训目的： 通过教学，使学生了解并掌握日式沙拉的菜品特点，制作要领。

实训要求： 通过实操训练，使学生学会日式特色沙拉的制作，并能熟练操作。

实训原料：罗马生菜、球生菜、苦苣、紫叶生菜、胡萝卜、黄瓜、玉米粒、圣女果、红蟹子、三文鱼、北极贝、兰花蚌、贝柱各适量，浓口酱油900毫升，白菊醋720毫升，味酥360毫升，香油360毫升，大蒜15g，洋葱60克，户户辣酱5克，黑胡椒60克，芝麻50克，白糖135克，色拉油、橙汁各少许。

实训学时：1学时。

烹调工具：砧板、西餐刀、蔬菜甩干器、沙拉盆、蛋抽、沙拉碗、酱汁碟。

实训步骤：1. 和风汁制作

浓口酱油、白菊醋、味酥、香油、大蒜（手磨碎）、洋葱（磨碎）、户户辣酱、黑胡椒、芝麻、白糖、色拉油、橙汁调和均匀，制成和风汁备用。

2. 沙拉制作过程

首先将蔬菜清洗干净，放入蔬菜甩干器中甩干备用，将罗马生菜、球生菜、苦苣、紫叶生菜撕成小块备用；将胡萝卜切丝泡冰水，黄瓜切片，圣女果切半备用；将三文鱼切片、北极贝和兰花蚌片开、贝柱切瓣备用；将所有植物性原料混合制作成什锦蔬菜沙拉，再将各种海鲜放在沙拉上边，最后点缀上红蟹子；搭配调制好的和风沙拉汁即可。

注意事项：1. 所用的海鲜必须新鲜。

2. 所有生菜要甩干水分，颜色搭配要有视觉冲击力。

实训十 蟹子卷心菜沙拉

实训目的：通过教学，使学生了解并掌握日式沙拉的菜品特点、制作要领。

实训要求：通过实操训练，使学生学会日式特色沙拉的制作，并能熟练操作。

实训原料：卷心菜、红蟹子、沙拉酱、柠檬角各适量。

实训学时：1学时。

烹调工具：砧板、西餐刀、大钢盆、沙拉碗、挤酱瓶。

实训步骤：1. 将卷心菜切成细丝，越细越好，备用。

2. 将切好的卷心菜丝用水冲洗后泡入冰水中。

3. 待卷心菜细丝泡脆后捞出控水。

4. 将控干水分的卷心菜丝放入碗中，尽量堆高。

5. 在挤酱瓶中装入沙拉酱，在卷心菜上挤上沙拉酱。

6. 然后再放上红蟹子。

7. 最后搭配柠檬角。

注意事项：卷心菜在泡冰水前注意要冲洗一遍。

三、日本料理——先碗（汁物しるもの）

（一）先碗的概念

先碗就是日本料理里面的汤。在日本，上饭顺序一般和西餐差不多，是先上汤再上米饭等菜肴，因此称为先碗。

日本料理的汤类有三种类别。

第一种，在饭前上的清汤一般称为先碗汤。先碗汤是用木鱼花的一遍汤所做，汤色清澈见底，口味清淡，并具有汤料的鲜味，汤底料很少。通常是日本料理餐厅里赠送的汤类。

第二种称为潮汁，一般是饭前汤菜，也是属于清汤类，主要以鱼类、贝类为主要原料。做这种汤一般是慢慢加热，将原料的鲜味慢慢地煮出来，不宜使用旺火，故称潮汁。汤味体现鱼、贝类本身的味道，口感特别清淡。

第三种称为酱汤，酱汤也称为后碗汤。主要是以大酱为原料，调味使用木鱼花二遍汤。大酱一般是把两三种酱料混合在一起，如赤大酱、白大酱。也有单用白大酱做酱汤的，颜色为白色。酱汤一般都是浓汤，口味较重，一般都放入豆腐、葱花，也有放季节性海鲜品或菌类的，如蘑菇等来提高酱汤鲜味。酱汤一般与米饭一起在最后上，是最受日本人欢迎的汤之一，也是日本人一天三餐必备之物。通常高级料理都有两道汤，即清汤和酱汤。一般料上一道酱汤即可。

（二）蔬菜先碗的制作

实训十一　味噌豆腐汤

实训目的：了解木鱼花一遍汤、二遍汤的区别和使用要点，掌握菜肴基本制作方法。

实训要求：能熟练掌握味噌汤类使用的方法和保存方法。

实训原料：清水1000克，味噌200克，清酒15克，味醂15克，昆布5克，木鱼花5克，味精1克，小香葱5克，裙带菜5克，豆腐50克。

实训学时：1学时。

烹调工具：切刀、不锈钢盆、小刀、塑料切板、汤碗、竹筷、不锈钢锅、汤锅。

实训步骤：1. 先在汤锅内放入清水，昆布、木鱼花用小纱布口袋装上投入锅中，熬汁1小时左右。

2. 小香葱切细，冲水后晾干备用；豆腐切小丁冲水备用；裙带菜发好备用。

3. 取出昆布、木鱼花，水里放入味噌酱，打匀后放清酒、味醂、味精调味即可保温备用。

4. 出汤的时候，汤碗底放葱花、豆腐、裙带菜，放热的汤即可。

注意事项：放入味噌后不能熬制太久，否则味噌会变色失去香味。

目 相关知识

味噌汤的概念

味噌最早发源于中国或泰国西部，它是以大豆为主要原料，加入盐和不同的麹发酵而成的。味噌按照麹的不同，可以分为米麹制成的"米味噌"、麦麹制成的"麦味噌"、豆麹制成的"豆味噌"，及以上味噌混合而成的"调和味噌"。味噌的颜色主要来自在麹的分解作用下大豆蛋白与糖分产生的美拉德反应，颜色的深浅与制作温度及熟成时间有关。味噌按颜色分为"赤味噌""浅色味噌"和"白味噌"。

味噌汤主要是以大酱为原料，调味一般是使用木鱼花二遍汤。味噌酱一般是把两三种味噌混合在一起，如赤味噌、白味噌。也有单用味噌做酱汤的。

（三）鱼类先碗的制作

实训十二　鲷鱼鱼头汤

实训目的： 了解鲷鱼去骨基础和菜肴制作方法以及鱼类去腥的方法。

实训要求： 掌握鲷鱼的鱼头初加工方法和烹调方法。

实训原料： 鲷鱼头500克，清水1000克，清酒15克，味醂15克，昆布5克，味精1克，葱花5克，老姜5克，豆腐块50克，色拉油、盐、胡椒粉少许，木鱼花5克。

实训学时： 1学时。

烹调工具： 切刀、不锈钢盆、小刀、塑料切板、汤碗、竹筷、不锈钢锅、汤锅。

实训步骤： 1. 先把鲷鱼初加工，去内脏、鱼鳃、鱼鳞，把头切下来再切对开，冲凉水备用。

2. 汤锅内放清水、木鱼花、清酒10克、味醂、昆布，熬制1小时备用。

3. 葱花3克、老姜、清酒5克腌制鱼头半小时。

4. 汤锅内放色拉油，把鱼头煎一下，放入熬好的木鱼花汤烧开后，小火熬制2小时后用味精、盐、胡椒粉调味。

5. 先碗里放葱花2克、豆腐块，再放上一块鱼头，最后盛入清汤即可。

注意事项： 1. 鱼汤熬制的时候火候一定要很小，这样才能熬制出清汤。

2. 除去鱼腥味的关键是鱼头要用水冲很长时间，去掉血水和鱼汁。

（四）肉类先碗的制作

实训十三　蘑菇牛肉大酱汤

实训目的： 了解白大酱和赤大酱的口味区别，掌握菜肴制作方法。

实训要求： 牛肉汤料的熬制要精细，时间、火候要把握好。

实训原料：赤大酱100克，清水1500克，清酒15克，味酥15克，昆布5克，味精1克，葱花5克，老姜5克，豆腐50克，盐、胡椒粉少许，木鱼花5克，香菇30克，金针菇30克，肥牛片150克，牛骨500克，牛肉味粉1克，白汤汁1克。

实训学时：1学时。

烹调工具：切刀、不锈钢盆、小刀、塑料切板、汤碗、竹筷、不锈钢锅、汤锅。

实训步骤：1. 汤锅内放入清水、味精、清酒、木鱼花、味酥、昆布、葱花、老姜、牛骨，大火熬制2小时备用。

2. 过滤后，放入赤大酱，打匀后用牛肉味粉、白汤汁、盐、胡椒粉调味，放入香菇、金针菇，烧开后放上肥牛片即可装碗。

注意事项：牛肉汤料的熬制要把握好时间、火候，别把水分烧干了。

四、日本料理——刺身（向付むこうづけ）

（一）刺身的概念

刺身（Sashmi）：也叫生鱼片。最早发源于日本江户时期，当时的日本人就喜欢食用生的鱼类，但当时捕捞到的大多是白色肉质的江河鱼类，比如鲷鱼、鲆鱼、鲽鱼、河豚、鲈鱼等。到了日本明治时期，日本具有了远洋捕鱼能力，能捕捞到较多的海鱼，这些鱼类大多为深色肉质，一般称为红肉，比如金枪鱼、鲣鱼、三文鱼等。到了近代，日本人才开始使用龙虾、虾、蟹、贝类等原料。

刺身主要用金枪鱼、鲷鱼、偏口鱼、鲭花鱼、鲅鱼、鲈鱼和虾、贝类等制成，其中以金枪鱼、鲷鱼为最高级。刀功上要求切好的鱼肉不能带刀痕，不能用水洗，肉中不能有刺。不同的季节，食用不同的生鱼片，不同的鱼，在剔法上也不一样。切生鱼片时刀口要清晰均匀，要一刀到底，中间不能搓动，切出的鱼片还要能一片片摆齐。生鱼片的切法因材料而异，包括平切法或削切法、线切法、蛇腹法。切的薄厚要根据鱼的种类和肉块薄厚来定，太薄蘸酱油后口味重咸，吃不出味道，太厚不好咀嚼且口味淡，因此薄厚要恰到好处，这是切鱼片技术的关键。

我们一般把刺身分为红肉和白肉两种。生鱼料理在制作时要求红肉切割厚实，以突出红色鱼肉肉质的鲜肥，比如分割金枪鱼时，为保证吃到口里的鱼肉鲜美、甘甜，一般厚度为0.5厘米左右。而白肉切割时比较薄，以突出白色鱼肉肉质的鲜甜，比如日本人爱吃的河豚，要薄如纸，能透过鱼肉看到盘子上的花纹为好，一般厚度为0.1厘米左右，这样切出来的白肉吃起来口感鲜甜、肉质脆嫩爽口。

客人吃的时候一般是先白肉后红肉，从清淡口味到浓郁口味。由于生鱼大多是冰冷的，因此吃生鱼片要以绿色芥末和酱油作佐料。青芥末是一种生长在瀑布下或山泉下的植物——山葵。山葵像小萝卜，表皮黑色，肉质碧绿，磨碎捏团放酱油吃生鱼片，它有一种特殊的冲鼻辛辣味，可以起到杀菌、暖胃的作用。生鱼片盘中还要点缀白萝卜丝、海草、紫苏花、甜姜片等，其中的白萝卜丝、甜姜片也有暖胃和清新肠胃的作用。

日本料理的刺身在制作上要求很多，从厨师操作的刀工、杀鱼的刀法、切割的厚薄、刀工的方向、摆放的次序、颜色的搭配等各个方面都很讲究。

日本刺身拼摆独具一格，多喜欢摆成山、川、船形状，有高有低，层次分明。有人用插花来比喻刺身的拼摆，叫作"真、行、草"。"真"为主，"行"为辅，"草"为装饰、点缀。摆出的刺身要有主、有次、有点缀。一份拼摆得法的刺身，犹如一件艺术佳作，色泽自然，色调柔和，情趣高雅，悦目清心，给人以艺术享受，使人心情舒畅，增加食欲。刺身的刀法和切出的形状与中餐、西餐不同。刺身加工多采用带棱角、直线条的刀法，尽量保持食品原有的形状和色泽，同时还要根据不同的季节使用不同的原料。用不同季节的树叶、松枝或鲜花点缀，既丰富了色彩，又加强了季节感。例如：秋季喜欢用柿子叶、小菊花、芦苇穗等，突出秋季的特点。同时，拼摆的数量一般用单数，多采用三种、五种、七种。各种菜点要摆成三角形，如果三种小菜即采用一大二小，五种则采用二大三小，看起来是三角形。在菜的拼摆上，要注意红、黄、绿、白、黑协调。

千万别以为鱼片切成长方形就行。事实并非如此，一刀一片，都要依长年的经验，根据鱼肉的纹理和厚度来切。刺身料理师傅讲究切功，鱼肉上略有的筋络之处，还要讲究几刀断之，不但花纹漂亮，更有入口即化的口感。

另外，日本料理的刺身并不一定都是完全生食，有些刺身料理也会稍微经过加热处理，比如把鱼腹肉经由炭火略为烤制一下，先把鱼腹油脂经过烘烤而让其散发出香味，再立刻浸入冰中，再切片食用口感极佳。或者是用热水浸烫，先把生鲜鱼肉以热水略烫过后，浸入冰水中，让其急速冷却，取出切片，即会呈现表面熟但内部生的刺身，口感与味觉上会有另一种风味。

📋 相关知识

刺身

刺身是来自日本的一种传统食品，最出名的日本料理之一，它将鱼（多数是海鱼）、乌贼、虾、章鱼、海胆、蟹、贝类等肉类利用特殊刀工切成片、条、块等形状，蘸着山葵泥、酱油等佐料，直接生食。中国一般将"刺身"叫作"生鱼片"，因为刺身原料主要是海鱼，而刺身实际上包括了一切可以生吃的肉类，甚至有马肉刺身、牛肉刺身。在20世纪早期，冰箱尚未发明前，由于保鲜原因，很少有人吃，只在沿海比较流行。

刺身最常用鱼有金枪鱼、鲷鱼、比目鱼、鲣鱼、鲈鱼、鲻鱼等海鱼；也有鲤鱼、鲫鱼等淡水鱼。在古代，鲤鱼曾经是做刺身的上品原料，而现在刺身已经不限于鱼类原料了，像螺、蛤类（包括螺肉、牡蛎肉和鲜贝），虾和蟹，海参和海胆，章鱼、鱿鱼、墨鱼、鲸鱼，还有鹿肉和马肉，都可以成为制作刺身的原料。在日本，吃刺身还讲究季节性。春吃北极贝、象拔蚌、海胆；夏吃鱿鱼、鲕鱼、池鱼、鲣鱼、剑鱼、三文鱼；秋吃花鲢、鲣鱼；冬吃八爪鱼、赤贝、带子、甜虾、鲕鱼、章红鱼、鰤鱼、金枪鱼、剑鱼。

（二）刺身的制作

实训十四　刺身拼盘1

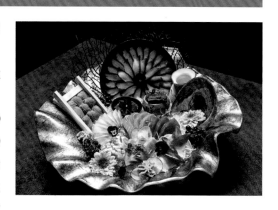

实训目的： 了解刺身制作的基础方法和鱼肉分割的
　　　　　　基础知识。

实训要求： 掌握菜肴制作方法和日本刺身制作装盘
　　　　　　的风格和刀法。

实训原料： 三文鱼150克，金枪鱼150克，鲷鱼150
　　　　　　克，鳗鱼150克，大虾150克，鱿鱼150
　　　　　　克，蟹柳150克，希鲮鱼150克，白金枪
　　　　　　150克，柠檬1个，北极贝150克，八爪鱼
　　　　　　150克，白萝卜500克，甜姜片50克，竹
　　　　　　叶1片，寿司醋50克，青芥末50克，白芝麻1克，紫苏叶15片。

实训学时： 1学时。

烹调工具： 切刀、不锈钢盆、小刀、塑料切板、竹扦、木板、漆盒、碎冰机。

实训步骤： 1. 把除鳗鱼外的各种鱼、贝按红、白肉要求分别切割好。

　　　　　　2. 大虾用竹签穿好，煮熟，去壳切对半开，用寿司醋泡好备用。

　　　　　　3. 鳗鱼切菱形片烤热后撒上白芝麻备用。白萝卜切丝冲水备用。

　　　　　　4. 漆盒内放打碎的冰，放竹叶或紫苏叶，再放上白萝卜丝，最后放上分割好的各种鱼
　　　　　　肉即可，配上青芥末、甜姜片即可。

注意事项： 注意分割鱼肉和切割鱼肉的刀法。

实训十五　刺身拼盘2

实训目的： 通过对刺身的学习，了解刺身文化、起
　　　　　　源和发展，学会其菜品的制作。

实训要求： 学会本节课刺身拼盘的制作，并独立完成。

实训原料： 冰块、白萝卜、苏子叶、芥末泥、柠
　　　　　　檬、三文鱼、北极贝、甜虾、八爪鱼、
　　　　　　海螯虾、金枪鱼各适量。

实训学时： 1学时。

烹调工具： 砧板、柳刃、制冰机、碎冰机、西餐
　　　　　　刀、刨丝器。

实训步骤： 1. 将白萝卜切成萝卜段，用刨丝器将白萝卜刨成萝卜丝，柠檬切成柠檬角备用。

　　　　　　2. 将刨好的萝卜丝清洗两遍，用清水泡1小时左右控干水分备用。

　　　　　　3. 将三文鱼切片、北极贝片开、甜虾去皮留头留尾、八爪鱼切薄片、海螯虾壳肉分
　　　　　　离、金枪鱼切片备用。

4. 将冰块用碎冰机打成冰沙，铺在刺身器皿中。

5. 将萝卜丝垫底，铺上苏子叶，放上切配好刺身原料。

6. 将所有原料装盘后搭配芥末泥、柠檬角即可。

注意事项： 所用原料必须是新鲜食材。

五、日本料理——煮物（煮物にもの）

（一）煮物的概念

煮物就是烩煮料理的意思，一般是把两种以上原料煮制后分别保持各自的味道，配置放在一起的菜。主要代表是关东、关西派，用合乎时令的肉类、蔬菜，加上木鱼花汤、淡口酱油、酒，微火煮软，煮透，一般为甜口，极清淡。

煮物大致分为白煮、红煮、照煮、泡煮、甘露煮几种：

（1）白煮　白煮的作用在于保持菜的原味（不能加酱油），一般将木鱼花用布包上放入锅中一起煮，以增加汤的浓味，煨到菜中去。

（2）泡煮　即把汆好的蔬菜，泡在对味的木鱼花汤中入味，以保证菜的颜色。一般以绿色蔬菜为主。

（3）红煮　即用放酱油的汤来煮菜，所做成的菜颜色为红色，深浅由所放酱油来调配。

（4）照煮　甜味较重，酱油中加入味酥酒和糖的煮物，煮好后菜发红发亮。

（5）甘露煮　指用糖水煮的东西。

煮物类的菜中，鱼类、蔬菜、肉类、贝类、干果等制成酒菜、冷菜、热菜都可以。但有一个规则，白煮类的汤要比红煮的汤多，以淹过所煮之物为准。红煮的一般汤较少，尤其是照煮，一般汁要全部进入菜中。两者共同之处是一般都以微火为主，一定要煮软、煮透，一般为甜口，微重。

除以上煮法和口味外，还有一些地方风味的煮物，如关东杂煮（又称东京杂煮）和关西杂煮（又称上方杂煮）等，也是日本人民所喜爱吃的煮菜。

（二）蔬菜煮物的制作

实训十六　关东煮

实训目的： 通过对关东煮学习，了解关东煮文化、起源和发展，并学会其传统制作方法。

实训要求： 学会本节课菜品关东煮的制作，并且能够举一反三。

实训原料： 昆布、木鱼花、浓口酱油、木鱼素、味酥、糖、清酒、盐、白萝卜、鸡蛋、藕片、名门卷、炸豆腐、魔芋、鱼糕、竹轮各适量。

实训学时： 1学时。

烹调工具： 砧板、西餐刀、双耳煮锅、竹扦。

实训步骤： 1. 制作汤底，2000毫升水加入10克木鱼花小火煮10分钟后过滤。

2. 将过滤好的出汁加入昆布煮半小时以上，捞出昆布备用。

3. 将做好的汤底加入浓口酱油150毫升、木鱼素20克、100毫升味醂、白砂糖40克、清酒50毫升，盐少许煮开。

4. 将白萝卜切1.5厘米长的段，去皮后将棱角修圆润，放入汤中；将鸡蛋煮熟去壳放入汤中；藕片、名门卷、炸豆腐、鱼糕、竹轮都切小块，同魔芋一样穿上竹扦放入锅中，也可直接放入锅中煮（可使用多种食材）。

5. 小火慢煮半小时以上即可食用。

注意事项： 调为时可依据客人口味酌情调整调味料数量。

📖 **相关知识**

关东煮

关东煮最早起源于日本，是日本最接地气的国民美食了。20世纪末，日资便利店罗森首次把关东煮引入中国大陆，取名"熬点"。不久之后，零售业巨头7-ELEVEN也将关东煮带到了大街小巷，并称之为"好炖"。

关东煮的食材通常包含萝卜、鸡蛋、魔芋、豆腐、牛筋、竹轮、鱼饼等，这些材料被放在铁格子锅中的清汤里炖煮。因为发源于日本关东地区，所以关西人习惯称它为关东煮。日据时期，关东煮被带到了台湾地区，闽南语中的黑轮就是由关东煮慢慢演变而来的。

（三）鱼类煮物的制作

实训十七　南瓜煮鲍鱼

实训目的： 了解甜味煮物的烹调方法和调制基础。

实训要求： 掌握鲍鱼的基础加工和软硬度。

实训原料： 鲍鱼500克，清水3000克，清酒30克，味醂30克，昆布5克，味精10克，葱花15克，老姜25克，香菇50克，日本酱油30克，木鱼花15克，南瓜300克，黑鱼子10克，西蓝花50克，白糖15克。

实训学时： 1学时。

烹调工具： 切刀、不锈钢盆、小刀、塑料切板、竹扦、木板、漆盒、碎冰机。

实训步骤： 1. 先将鲍鱼初加工，把鲍鱼肉取出后清洗干净备用。

2. 锅内放清水、清酒、味精、味醂、昆布、葱花、老姜、香菇、木鱼花、日本酱油，调制好味，放入鲍鱼小火煮制3小时后备用。

3. 南瓜连皮雕刻成花叶，放入鲍鱼汤汁内，加入白糖浓缩成汁后装盘。

4. 煮物碗内放上煮熟的西蓝花和南瓜雕成的花叶作装饰，再放上鲍鱼，顶上装饰一点
黑鱼子即可。

注意事项： 鲍鱼韧性很强，煮制时间要长一点才行，注意别把水烧干了。

六、日本料理——烧物（焼き物やきもの）

（一）烧物的概念

烧物也就是烧烤的意思，主要是用明火或暗火来烤制食物，这样烤出来的食物一般带点焦香味。
在日本料理中烧物也可以按烹调方法的不同分为：盐烤、海胆烤、照烧、蛋黄烤、姿烧、蒲烧等。

（1）盐烤　就是根据不同季节把海鲜鱼类直接撒上盐来烧烤，菜肴出来后口味鲜美、自然。比
如盐烤秋刀鱼、盐焗三文鱼头等菜肴。

（2）海胆烤　利用调制好口味的海胆酱或是将海胆直接涂在鱼或虾上面去烧烤，这样烧烤出的
菜肴口味更加鲜美，带有海胆浓郁的鲜甜甘美。比如海胆烤龙虾、海胆烤鳕鱼等菜肴。

（3）照烧　即用酱油、糖、味醂、清酒、姜、葱等调配的一种汁腌制原料，然后上火烤，边烤
边刷上酱油汁，烤出的菜肴颜色红亮有光泽。"照"是发光的意思。比如日本照烧鸡、照烧牛扒等
菜肴。

（4）蛋黄烤　是涂上以蛋黄调制的汁后烤制的一种烹调方法，特别是近代发展成为使用西餐的
马乃司汁和蛋黄调和后来烤烧食物。烤出的菜肴一般口感细腻、滑嫩爽口。

（5）姿烧　就是把整条鱼用竹扦定形使它成弯曲形状，或是烤海螺利用海螺壳的外形，给人以
外形姿势美观的形象，通常采用暗火烤，如松前烤，用海带垫底烤等。比如姿烧多春鱼、香鱼姿烧
等菜肴。

（6）蒲烧　是一种先把鱼切开并剔骨之后，再淋上以酱油为主的甜辣佐料，穿上竹扦去烧烤的
日本料理方式。一般比较常见的多是以鳗鱼烧烤而成，不过也有其他鱼，如秋刀鱼、海鳗、泥鳅、
弹涂鱼等鱼类。其中鳗鱼或秋刀鱼的烧烤料理比较常见。

📖　相关知识

烧鸟是和食的一种，将鸡肉切成片穿在细竹扦上，蘸上酱油、糖、料酒等配制的味
汁，放在火上烤。也有用鸡或猪内脏做原料，不过传统上都称烧鸟，它价格便宜，不少人喜
欢将其当作下酒菜。古代日本人能抓来烤着吃的"鸟"主要是鹌鹑、鸽子、鸭子、鹅、鸡等
禽类，后来日本人便将烧鸟特指鸡类原料烧烤，所以在日本烧鸟店很难买到烤鹅肉。现在的
日本烧鸟店不仅仅只提供鸡肉烧烤，更准确地说，应该指代所有炭火烧的食材。日本人不在
乎你烤的是大葱、大蒜、香菇、秋葵还是海虾、多春鱼、鱿鱼卷、秋刀鱼，只要用炭火烧烤
的，都可以称为"烧鸟"。"烧鸟屋"，在日本各地都可见到。

烧鸟，被定义为"把鸡肉切成一口大小后穿起来（1~5个），然后用火烤制并调味的食
物"，简单来说就是"烤鸡肉串"。从设备上来说，烧鸟一般是在炭火炉灶或者一种名为"烧

鸟器"的烹调装置上烤制。如今虽然使用"燃气""电气"等烤制烧鸟的方法逐渐出现，但"炭烧"的方法最为人所追捧，利用炭火高温强火的特点，短时间内便可以将食材表面烤制酥脆，食材伴随着独特的炭火香气，口感和味道都会更令人满意。

"石烧"，是将牛排放在烫石上烧熟，蘸酱油食用。日本培育出的神户牛和松阪牛，肉质柔软得能用筷子剥离，入口即化，鲜嫩异常。这种牛在国际上享有盛誉，但价格不菲。

实训十八　葱烧鸡肉串

实训目的： 通过对烧鸟的学习，了解烧鸟文化、起源和发展，并学会其菜品制作方法。

实训要求： 学会本节课菜品葱烧鸡肉串的制作，并独立完成。

实训原料： 大葱、鸡腿、白芝麻、照烧汁、芝麻、清酒、味醂、木鱼素、浓口酱油、糖各适量。

实训学时： 1学时。

烹调工具： 烤炉（焗炉）、扦子、砧板、西餐刀。

实训步骤： 1. 将鸡腿去骨切块，将切好的鸡腿放入清酒、味醂、木鱼素、浓口酱油、糖腌制一下；将大葱切段备用；用扦子将葱段和鸡肉块穿起来，一块葱一块鸡肉。

2. 用烤炉（焗炉）开始烤串，烤制到两边变色刷第一遍照烧汁，待照烧汁烤干刷第二遍照烧汁，等到鸡腿肉完全烤熟刷第三遍照烧汁。

3. 待鸡肉串烹调完成后点缀上白芝麻即可。

注意事项： 鸡肉烤制时间不宜过长，鸡肉断生即可，以免影响鸡肉鲜嫩的口感。

（二）蔬菜烧物的制作

实训十九　味噌烧茄子

实训目的： 了解味噌的口味与品质鉴定，熟悉菜肴制作的过程和烹调方法。

实训要求： 掌握使用日本味噌烹调食物的调味知识。

实训原料： 味噌30克，茄子500克，葱花5克，木鱼花1克，姜末2克，芝麻1克，味醂5克，清酒2克，日本麻油1克。

实训学时： 1学时。

烹调工具： 切刀、不锈钢盆、小刀、塑料切板、木板、烧物烤箱、焗炉、木刷。

实训步骤： 1. 选用上好的长茄或圆茄对半切开，在上面切上十字刀口备用。

2. 味噌用味醂、清酒、日本麻油、适量水调和软化，刷在茄子上面。

3. 在有刀口的茄子上刷上味噌汁，入烧物烤箱烤熟即可出炉装盘。

4. 盘上装饰酱末，放烤好的茄子，再撒上葱花、木鱼花、姜末、白芝麻即可。

注意事项： 如没有日本麻油可以使用香油加色拉油调制。

（三）鱼类烧物的制作

实训二十　盐烧三文鱼头

实训目的： 了解和熟悉关于盐烧的基础知识和烧物的烹调设备的使用。

实训要求： 能按骨骼处理三文鱼头，并且烧烤成熟。

实训原料： 三文鱼头500克，清酒15克，味醂15克，柠檬1个，岩盐5克，竹叶1片，白萝卜泥10克，酸甜藕片1片，白萝卜泥20克，日本酱油汁50克。

实训学时： 1学时。

烹调工具： 切刀、不锈钢盆、小刀、塑料切板、木板、烧物烤箱、焗炉、木刷。

实训步骤： 1. 先把三文鱼头清洗干净，用清水多冲洗，去除鱼腥味。

2. 按骨骼砍开三文鱼头，撒上清酒、味醂、柠檬汁、岩盐放在烤架上入烧物烤箱烤熟即可。

3. 盘上放竹叶装饰，再把烤好的三文鱼头摆上，配酸甜藕片和柠檬角、白萝卜泥，出菜时配日本酱油汁。

注意事项： 三文鱼可以生吃，但是作为烧物菜肴必须烤熟。

实训二十一　盐烧秋刀鱼

实训目的： 熟悉关于盐烧的基础知识和烧物的烹调设备的使用。

实训要求： 掌握秋刀鱼去内脏的方法和菜肴制作方法。

实训原料： 秋刀鱼500克，清酒15克，味醂15克，柠檬1个，岩盐5克，竹叶1片，酸甜藕片1片，白萝卜泥10克，日本酱油汁50克。

实训学时： 1学时。

烹调工具： 切刀、不锈钢盆、小刀、塑料切板、木板、烧物烤箱、焗炉、木刷。

实训步骤： 1. 先把秋刀鱼清洗加工，用竹筷从秋刀鱼口中把内脏取出来。

2. 秋刀鱼两面撒上清酒、味醂、柠檬汁、岩盐放在烤架上入烧物烤箱烤熟。

3. 盘上放竹叶装饰，再把烤好的秋刀鱼摆上，配酸甜藕片和柠檬角、白萝卜泥，出菜时配日本酱油汁。

注意事项：为方便厨房出菜时不用烹调太长时间，通常要把秋刀鱼先烹调熟备用，有单的时候再稍微烤热即可出菜。

（四）肉类烧物的制作

实训二十二　照烧鸡配米饭

实训目的：了解照烧的烹调方法和调味汁的制作方法。

实训要求：掌握烧物的制作方法和风格变化，掌握鸡肉的加工处理方法。

实训原料：鸡腿500克，大葱丝50克，香菇5克，清酒5克，味醂5克，白芝麻2克，米饭100克，照烧汁100克，烤肉汁30克，蜂蜜5克，西蓝花15克。

实训学时：1学时。

烹调工具：切刀、不锈钢盆、小刀、塑料切板、竹扦、烧物烤箱、焗炉、木刷。

实训步骤：1. 鸡腿去骨，剁筋切十字刀口备用；西蓝花煮熟备用。

2. 照烧汁、烤肉汁调和加入清酒、味醂、白芝麻1克、蜂蜜，刷在鸡肉两面，放入烤物烤箱内烤熟后取出。

3. 碗中盛入米饭，再放上烤好的鸡肉，撒上白芝麻1克和大葱丝，旁边放上西蓝花即可。

注意事项：照烧鸡肉串和照烧鸡配米饭烹调方法和制作方法一样。

📖　**相关知识**

日式咖喱

日式咖喱属于从国外传入的"舶来品"，它和日式炸猪排、蛋包饭一样都是经典的"和风洋食"。"咖喱"最早出现在印度，由于宗教文化和地理环境的影响，出现了将许多香料混合在一起煮，然后搭配食物来吃的做法。咖喱是所有"酱汁"的统称，并不是某种固定的调味方式。

虽然"咖喱"起源于印度，但日式咖喱的源头并非印度而是英国，真正赋予"咖喱"之名的，也是跟着葡萄牙人登陆印度的英国人。明治维新时期，咖喱被英国人带到了日本。在明治初期，咖喱被视为"文明开化的西洋料理"曾一时风靡于日本上流社会，而在平民中普及开来主要还是因为日本海军。明治维新时期，对日本来说，仿效西方国家建立陆海军是重要内容之一，所以在英军中流行的咖喱炖肉也成了日本海军的食谱。

在口味上，日式咖喱给人的感觉大多是辛辣不足，香甜浓郁。而在食材的选用上，制作日式咖喱的蔬菜中一定会有土豆、洋葱和胡萝卜；肉类方面则根据地域不同存在变化，总结起来，东日本多使用猪肉，西日本多使用牛肉，在山口县、岛根县、鸟取县、九州的长崎县以及东日本的栃木县等地多使用鸡肉。除此以外，一些地区也偶尔会搭配羊肉、海鲜等。在吃日式咖喱饭时，日本人还常会搭配一些喜欢的配菜，最常见的是一种叫作"神福渍"的非发酵性渍物，神福渍口味酸甜，口感清爽，一起食用可以让咖喱饭的美味达到新的高度。

实训二十三　日式咖喱鸡

实训目的： 通过对日式咖喱的学习，了解日式咖喱文化、起源和发展，并学会其传统的制作方法。

实训要求： 学会本节课菜品日式咖喱鸡的制作，并独立完成。

实训原料： 食用油、咖喱粉、姜黄粉、黑胡椒、淀粉、糖、盐、清酒、味醂、木鱼素、姜、苹果、蜂蜜、洋葱、土豆、胡萝卜、日本毛豆、鸡腿各适量。

实训学时： 1学时。

烹调工具： 砧板、少司锅、煎锅、夹子、西餐刀、大钢盆、木铲。

实训步骤： 1. 把鸡腿去骨切成大块，将鸡腿块用盐、黑胡椒、清酒、味醂、姜黄粉、咖喱粉腌制一下，将腌制好的鸡腿块均匀地沾上淀粉。

2. 煎锅内加油将鸡腿肉煎至金黄色备用。

3. 将洋葱切片、土豆切小块、胡萝卜切小块、姜挤出姜汁、苹果磨成苹果泥、毛豆煮熟去壳剥粒备用。

4. 少司锅内加油，将洋葱片翻炒后下入咖喱粉、姜黄粉炒香，加入土豆、胡萝卜翻炒后，将煎好的鸡腿肉放入锅中翻炒均匀，加入水没过食材，待煮开以后加入清酒、味醂、盐、糖、木鱼素、姜汁、蜂蜜、黑胡椒碎调味。

5. 调味后用小火慢慢将锅内原料烩熟，等到汤汁煮到浓稠加入苹果泥、毛豆粒翻拌一下即可，装盘时可搭配米饭一起出餐。

注意事项： 1. 鸡腿不宜切块太小，否则肉块容易在烹调过程中散开。

2. 在菜品制作时以小火为主慢慢烩煮。

3. 日式咖喱较其他咖喱口味清淡，调味不宜过重。

七、日本料理——扬物（扬物揚げ物）

（一）扬物的概念

所谓的扬物，其实就是炸制的食物。在日本料理中最著名的扬物就是天妇罗。

天妇罗（Tempura）：是一种特别的油炸食物，主要以鱼、虾和各种蔬菜调和特制天妇罗粉炸。要求制作的油十分干净，制作的手法特别，炸好的天妇罗外酥内嫩，颜色淡黄。吃的时候配上专门制作的天妇罗汁和萝卜泥。天妇罗菜肴酥脆可口，十分受老人和小孩的喜爱。

用面糊炸的菜统称为天妇罗，便餐、宴会都可以上。天妇罗的烹制方法来源于中国，名字来自荷兰，大约有150年的历史。天妇罗的烹制方法是，将原料蘸上以蛋黄兑冷水和面粉调制的糊，放油中炸。调好的面糊称为天妇罗衣，和面衣用的面粉，日语称为薄力粉，就是面筋少的面粉。面筋多的面粉黏性大，这样的面糊炸成的天妇罗衣较厚，挂糊不符合要求，影响口味。故调制好面衣是炸好天妇罗的关键之一。

天妇罗的要求是：挂衣越薄越好，越热越香，现吃现炸。吃时配以天汁（专门蘸天妇罗吃的一种汁）、萝卜泥、柠檬、盐等。

天妇罗以鸡蛋面糊使用最多、最普遍。此外，还有一些别的做法和炸法：

（1）春雨炸 外表蘸一层爆粉丝的炸菜。

（2）金妇罗 用荞麦面调面糊，因荞麦面呈褐色，故称为金妇罗。

（二）蔬菜扬物的制作

实训二十四 什锦蔬菜天妇罗

实训目的： 使学生了解并掌握天妇罗的制作方法，菜品特点，制作要领。

实训要求： 通过菜品学习，灵活运用到各种植物原料上。

实训原料： 高汤、味醂、酱油、砂糖、白萝卜泥、木鱼素、天妇罗粉、苏子叶、红薯、南瓜、香菇、金针菇、茄子各适量。

实训学时： 1学时。

烹调工具： 切刀、不锈钢盆、小刀、塑料切板、盘子、竹筷、炸炉、笊篱。

实训步骤： 1. 调制天妇罗蘸汁：将高汤100毫升、味醂5毫升、酱油10毫升、砂糖5克、木鱼素2克，搅拌均匀备用；调好的料汁冷却之后放入小碗中备用。

2. 蔬菜原料处理：首先将原料清洗干净控干水分备用；将红薯、南瓜去皮切片备用，香菇切花刀备用，茄子切梯形块，金针菇撕成小朵备用。

3. 面浆调制：在盆内加适量天妇罗粉，加入几粒冰块后加少许水搅拌，将干粉全部搅开后再加少许水搅拌均匀，不断重复这个步骤直到搅拌到面糊呈流线状态即可。

4. 蔬菜天妇罗炸制过程：将苏子叶一面挂浆一面不挂浆下入油中炸制，待苏子叶呈鼓泡状态捞出；将红薯片、南瓜片、香菇、茄子挂薄浆直接下入锅中炸制；用手拿住金针菇尾部沾上面浆后下入锅中，待金针菇散开定型后翻过来炸另一面，炸熟炸脆捞出控油。

5. 在装盘时搭配萝卜泥，蘸汁即可。

注意事项： 1. 蔬菜天妇罗在挂浆时要薄。

2. 炸出的食材要能看清食材的原貌。

3. 各种蔬菜在切配的形状上要有不同。

（三）鱼类扬物的制作

实训二十五　大虾天妇罗

实训目的： 使学生了解并掌握天妇罗的制作方法，
菜品特点，制作要领。

实训要求： 掌握天妇罗的炸制方法，并灵活运用到
各类原料上。

实训原料： 高汤、味醂、酱油、砂糖、白萝卜、木
鱼素、天妇罗粉、草虾各适量。

实训学时： 1学时。

烹调工具： 切刀、不锈钢盆、小刀、塑料切板、盘
子、竹筷、炸炉、笊篱。

实训步骤： 1. 调制天妇罗蘸汁：将高汤100毫升、味醂5毫升、酱油10毫升、砂糖5克、木鱼素
2克，搅拌均匀备用，调好的料汁冷却之后放入小碗中备用。

2. 草虾处理：将草虾去皮去头留尾后去除虾线，去皮后的大虾，将其虾筋斩断，一般
切三刀即可，把虾背向上立着放在菜板上，用刀侧面将虾拍扁拍长。

3. 面浆调制：在盆内加适量天妇罗粉，加入几粒冰块后加少许水搅拌。

4. 将干粉全部搅开后再加少许水搅拌均匀，不断重复这个步骤直到搅拌至面糊呈流线
状态即可。

5. 大虾天妇罗炸制过程：将白萝卜研磨成萝卜泥挤掉水分备用；用手拿住虾尾，两面
拍上干天妇罗粉备用；待油温达到170℃左右时，将拍好粉的虾裹上调制好的面浆下入
锅中进行炸制，然后将手蘸上面浆去弹在锅内炸制的虾，使虾四周都有颗粒状面糊；在
虾上的面糊炸熟炸脆后捞出控油摆盘。

6. 在装盘时搭配萝卜泥，蘸汁即可。

注意事项： 1. 虾肉在改刀时注意切到三分之二处不要切断，拍打虾肉时注意力度。

2. 炸制时间不宜过长，虾肉很容易成熟，面浆酥脆即可捞出。

3. 调制面浆时水要在面粉搅拌均匀后，少量多次加入。

实训二十六　蔬菜、虾天妇罗

实训目的： 了解油温控制的方法和技巧，掌握鉴别
油温的几个阶段特点。

实训要求： 掌握调制天妇罗酱汁浓稠的方法和菜肴
制作手法。

实训原料： 天妇罗粉500克，南瓜50克，红薯50克，
白萝卜20克，味醂15克，清酒15克，木
鱼花15克，清水1000克，鳗鱼汁5克，海

鲜酱5克，昆布5克，日本酱油15克，香葱5克，姜1克，味精1克，茄子50克，金针菇20克，青椒15克，红椒15克，西蓝花15克，白糖5克，白芝麻1克，日本麻油1克，七味粉1克，干香菇2克，紫菜1克，鸡蛋1个，大虾500克。

实训学时： 1学时。

烹调工具： 切刀、不锈钢盆、小刀、塑料切板、炸炉、炸锅。

实训步骤：
1. 把各种蔬菜原料切配好，粘干天妇罗粉备用。
2. 适量天妇罗粉加鸡蛋和清水调制浓稠备用。
3. 把各种调味料调制成天妇罗汁备用。
4. 大虾去头、壳，留虾尾。虾身两边切花刀，用手挤压变长后粘干粉。
5. 油烧至四成热，把蔬菜原料沾上天妇罗酱汁放入炸熟即可取出放在吸油纸上，吸去多余油脂。
6. 油锅内拉天妇罗酱汁，使之成碎片，大虾沾湿酱后粘上碎片。
7. 天妇罗竹篮内放上一张吸油纸，先放上各种炸好的蔬菜，再放上大虾，配天妇罗汁和少许白萝卜泥。

注意事项： 沾虾的技巧、手法很重要，但关键是油温的掌握。

📄 **相关知识**

天妇罗

天妇罗是日本菜的代表之一，是一种将以鱼、虾、贝为主的海鲜类和蔬菜等食材包裹好水、面粉、鸡蛋所混合的面衣后油炸的日本料理。一般来说，天妇罗分为"关东派"和"关西派"两种，在制作手法和调味上均有不同。我们常说的天妇罗一般是指关东地区的料理。关西地区的天妇罗，一般指一种鱼浆油炸食品，类似于日本鱼饼，天妇罗在食用时，要从味道较为清淡的开始食用，味道较重的放在后面食用。在菜品的制作顺序上一般也是从虾开始，海鲜则从味道清淡、需要低温油炸的鱼类开始，然后步步递进，最后到需要高温炸酥的鱼类，蔬菜则是先从茎叶类开始，然后是果实类和根类，特别是有甜味的蔬菜，应放在靠后的位置食用。天妇罗在制作时最主要的三点是油温、食材、挂浆。

日本天妇罗炸油中用到的芝麻油不同于国内烘焙程度较深的芝麻油，而是使用未经烘焙、直接榨取的太白芝麻油和经过低温烘焙的太香芝麻油。天妇罗炸制食材的油温一般在170℃左右，不宜过高或过低。在食材上，天妇罗的食材以鱼、虾、贝等海鲜和蔬菜为主，食材选择会根据地域和季节更迭加以变化。一般来说春季有银鱼、香鱼、樱花虾、文蛤、蚕豆、芦笋、刺嫩芽等；夏季是眼鲕、沙梭、银宝、茄子、南瓜等；秋季一般是虾虎鱼、松茸、山牛蒡、栗子、百合；而冬季主要有牡蛎、白子、扇贝、红薯等。在一些天妇罗店，有的食材可能并不是在盛产期推出，而是在食材刚刚上市时就端上餐桌。

天妇罗的烹制方法中最为关键的是面糊的制作。在制作天妇罗时面浆加鸡蛋的做法较为流行，做面浆要用低筋粉或无筋粉，这种面糊做出来的天妇罗挂面薄而脆。夏季调面糊的水最好是冰水。

八、日本料理——蒸物（蒸物茶碗蒸し）

（一）蒸物的概念

　　蒸物在日本料理菜单里很多时候是和煮物写在一起，日本人最喜欢吃的一道菜肴是茶碗木须。茶碗木须就是加有其他原料的蒸蛋羹，一般放有大虾、肉丸、蘑菇、豆腐等原料，菜肴清新、鲜甜甘美、嫩滑、造型别致。茶碗木须也多种多样，里面所放的东西不一，但烹制的基本要领在于微火慢蒸，菜的表面要完整光亮，颜色美观。

　　茶碗蒸即日式蒸蛋。多以一人一碗为单位，用经典的日式高汤与鸡蛋液混合，通常会搭配海鲜、肉类、蔬菜等口感多样又赏心悦目的鲜美食材。因为成品一般比较精致，甚至很多人认为一碗美好的茶碗蒸能体现出日式的审美。

　　茶碗蒸实际是一道被日本化的中国菜，据江户时代的食谱记载，茶碗蒸是在宽政年间由京都、长崎传往日本全国的。在日本江户幕府坚持锁国政策、断绝与外国一切贸易交往期间，长崎是日本唯一对外开放的窗口。长崎与中国交流的历史也源远流长，因此中国元素也自然地融入了长崎人的生活中。1689年，长崎开设了专门供中国人使用的居住区"唐人屋敷"，位于现在的长崎市馆内町地区。当时，在"唐人料理"中诞生了一种宴会料理，名为"卓袱料理"。卓袱料理是融合了和、洋、中三种料理文化的宴会料理，食用方式是将各种菜品放置于一个个大型器皿中自由分食，与一般日本会席料理中每个人以较小的食器装盛食物有着明显的不同。在过去，卓袱料理是当地家庭招待客人的宴会美食，如今它作为代表长崎的特色乡土料理，在当地的餐厅也可以品尝到。茶碗蒸的诞生除了这一种广为流传的说法，在日本静冈县袋井市存在的一道乡土料理也被有些人认为是茶碗蒸的原型，这道料理叫"鸡蛋蓬蓬"。鸡蛋蓬蓬的做法和茶碗蒸有很大区别。制作鸡蛋蓬蓬一般是将加入酱油和味醂调味后的高汤煮沸后关火，然后将打发蓬松的蛋液盖到高汤上闷蒸而来，出锅后多会点缀上青海苔或小葱等配菜。

（二）鱼类蒸物的制作

实训二十七　鲜虾茶碗蒸蛋

实训目的： 通过对茶碗蒸的学习，了解茶碗蒸文化、起源和发展，学会其菜品制作方法。

实训要求： 学会本节课菜品鲜虾茶碗蒸蛋的制作，并独立完成。

实训原料： 鸡蛋、大虾、红蟹子、高汤、木鱼素、味醂、盐、糖各适量。

实训学时： 1学时。

烹调工具： 蒸锅、蛋抽、小钢盆、砧板、西餐刀、保鲜膜。

实训步骤： 1. 首先将大虾去皮去虾线备用。

2. 取一钢盆，打入鸡蛋，加入高汤、盐、木鱼素、味酥、糖搅拌均匀，将上面的气泡捞除。

3. 取一茶碗，先放入备好的虾仁放入茶碗中，再倒入蛋液。

4. 轻轻震动将表面气泡震掉，在茶碗上盖上保鲜膜（保证蒸好后没有气泡）。

5. 在蒸锅内加入水，开锅后转中小火，将备好的原料放入锅中。

6. 盖上锅盖约蒸10分钟即可（判断是否熟时可用牙签插入中心看是否有水）。

7. 蒸好后取下保鲜膜，点缀红蟹子即可。

注意事项： 蒸制时间不可过长，蛋液凝固即可。

实训二十八　海鲜蒸豆腐

实训目的： 掌握蒸物的制作方法和技巧，了解菜肴的特色风味。

实训要求： 蒸的火候必须掌握好，豆腐要滑嫩鲜美。

实训原料： 豆腐500克，青豆50克，大虾25克，蟹柳25克，清酒5克，味酥5克，昆布5克，木鱼花5克，豆粉5克，香菇5克，葱1克，鱼干丝5克，姜1克，盐、胡椒适量。

实训学时： 1学时。

烹调工具： 切刀、不锈钢盆、小刀、塑料切板、竹扦、木板、蒸箱、茶碗。

实训步骤： 1. 先把豆腐用清水冲好，放小茶碗内备用。

2. 再把青豆汆水冲冷备用。

3. 锅内放清水、香菇、清酒、味酥、木鱼花、昆布、姜、葱熬制半小时。

4. 熬制好的汁里放大虾、蟹柳、青豆，加盐、胡椒调味后勾水豆粉成汁备用。

5. 茶碗里的豆腐放蒸箱内蒸热，淋上海鲜汁，撒鱼干丝即可。

注意事项： 豆腐蒸热即可，切不可蒸得太久变老。也可以加点热水蒸。

九、日本料理——寿司（食事しょくじ）

（一）寿司的概念

寿司（Sushi）：寿司是将米饭和鱼肉类组合在一起的经典日本料理。发展至今最具代表性的则是以"握寿司"为主的"江户前寿司"。在江户前寿司发展起来之前大概经历了以下几个阶段：

从奈良时期开始，以用来保存鱼肉为目的，将鱼肉与米饭共同发酵，出现了只吃鱼不吃米的"熟寿司"。

到了13世纪，因发酵时间变短出现了鱼和米可以一起吃的"生熟寿司"。

14—16世纪时，随着酿醋技术的发展，出现了直接在鱼和米中添加食醋代替乳酸菌发酵的早寿司。与此同时，在大阪地区也诞生了将鱼肉放在米饭上装进箱盒后压制而成的"箱寿司"，现在也被称为"押寿司"。

　　进入19世纪江户时代，相传当时住在江户地区的寿司职人"华屋与兵卫"发明了将用醋和盐调味后的米饭捏成扁圆柱形、再盖上鱼片的握寿司形式，其作为江户前寿司的雏形发展至明治时期以后，随着制冰技术的出现，生鲜的鱼肉也开始逐渐作为寿司的食材被使用起来。

　　如今我们常见到的寿司主要分为日式寿司和美式寿司两种。日式寿司主要是江户前寿司，主要分为握寿司、军舰卷、卷寿司、稻荷寿司等。美式寿司是"二战"结束后到20世纪80年代逐渐出现的，其在食材上比日式寿司要丰富得多，在口味上则迎合了美国人的口味，多以蛋黄酱、芝士或奶油调味，在形状上普遍比日本寿司卷得大，装盘分量也比日本寿司多。

（二）日本料理——简单寿司制作

实训二十九　正卷寿司

实训目的： 通过对寿司的学习，了解寿司文化、起源和发展，学会传统寿司的制作并且能开发出新品寿司。

实训要求： 掌握正卷寿司制作，并且能够独立操作。

实训原料： 白菊醋、白砂糖、昆布、盐、柠檬、木鱼素、五常大米、海苔、干瓢[1]、鸡蛋、全脂牛奶、黄瓜、蟹棒、金大根各适量。

实训学时： 1学时。

烹调工具： 蒸箱、竹帘、保鲜膜、砧板、柳刃、挤瓶、长条盘子、蛋抽、玉子烧锅。

实训步骤： 制作寿司醋：

1. 白砂糖750克、白菊醋1000毫升、柠檬1个切片，以上原料用蛋抽搅拌均匀。

2. 加入少许盐、木鱼素调味后放入昆布，冷藏24小时以上使用。

制作寿司饭：

1. 将大米蒸成米饭后，趁热倒入拌饭盆中，加入做好的寿司醋拌匀。

2. 拌好的米饭要颗粒分明，晶莹剔透，有浓郁的米香、醋香。

制作寿司玉子烧：

1. 取8个鸡蛋打入盆中，加入牛奶80毫升、白糖80克用蛋抽搅拌均匀。

2. 在锅内刷油，倒入蛋液，凝固后向前翻面，卷成方形，重复4~6次，最后将两面煎至金黄。

3. 待玉子烧冷却后将其切条备用。

卷制寿司过程（玉子烧正卷）：

1. 将竹帘用保鲜膜包起来（防止竹帘在卷制过程中粘米饭）。

1　干瓢：葫芦瓢干。

2．将黄瓜去芯切条、干瓢挤干水分、金大根切条、蟹棒从中间撕开备用。

3．取一张海苔铺上寿司饭（铺到大概2/3处），在米饭1/3处放上玉子烧、干瓢、金大根、黄瓜将其卷起，收口朝下。

4．待海苔软后将寿司切成八块装盘。

注意事项： 寿司饭铺在海苔上时要满铺均匀。

实训三十　反卷寿司

实训目的： 通过对寿司的学习，了解寿司文化、起源和发展，学会传统寿司的制作并且能开发出新品寿司。

实训要求： 掌握反卷寿司制作，并且能够独立操作。

实训原料： 红蟹子、干瓢、金大根、黄瓜、牛油果、海苔、沙拉酱、寿司饭各适量。

实训学时： 1学时。

烹调工具： 竹帘、保鲜膜、砧板、柳刃、挤瓶、盘子。

实训步骤： 1．将黄瓜去芯切条、干瓢挤干水分、金大根切条、牛油果去皮切条、蟹棒从中间撕开备用。

2．在海苔上铺上寿司饭，然后在寿司饭上撒上红蟹子。

3．将海苔翻过来，让海苔面朝上，将多余的海苔折回来，挤上沙拉酱。

4．在海苔1/3处放上牛油果、干瓢、金大根、黄瓜、蟹柳。

5．将原料卷起，带红蟹子的一面朝外。

6．将寿司切成八块装盘，在寿司上挤上沙拉酱即可。

注意事项： 卷制反卷时寿司饭要多铺出来一些，保证卷制完成后不会有海苔留白。

实训三十一　细卷寿司

实训目的： 通过对寿司的学习，了解寿司文化、起源和发展，学会传统寿司的制作并且能开发出新品寿司。

实训要求： 掌握细卷寿司制作，并且能够独立操作。

实训原料： 黄瓜、海苔、寿司饭、芥末泥、寿司酱油各适量。

实训学时： 1学时。

烹调工具： 竹帘、保鲜膜、砧板、柳刃、寿司盘子。

实训步骤： 1．将海苔对折备用；将黄瓜去芯切条备用。

2．在海苔上铺上3/4的寿司饭，将黄瓜条放在寿司饭1/3处，用卷正卷寿司的手法将其卷起。

3．将卷好的寿司切成六块，搭配寿司酱油和芥末泥即可。

注意事项： 寿司饭铺在海苔上时要均匀满铺。

实训三十二　手握寿司

实训目的： 通过对寿司的学习，了解寿司文化、起源和发展，学会传统寿司的制作并且能开发出新品寿司

实训要求： 掌握手握寿司制作，并且能够独立操作。

实训原料： 三文鱼、寿司饭、沙拉酱、芥末泥、香松各适量。

实训学时： 1学时。

烹调工具： 砧板、柳刃、挤瓶、寿司盘子、喷枪。

实训步骤： 1. 将三文鱼片成三文鱼片备用。

2. 将三文鱼片搭在左手中心位置，在鱼片中心涂上少许芥末泥，右手轻握一个饭团放在鱼片上捏一下。

3. 再将鱼片和寿司饭团翻过来，放在右手大拇指和食指中间，将其捏成三文鱼手握。

4. 将制作好的手握放在盘中，在手握上挤上沙拉酱。

5. 用喷枪将三文鱼烧变色，最后在炙烤过的沙拉酱上边撒上香松即可。

注意事项： 在炙烤寿司的时候要注意喷枪头朝外，以免误伤自己。

实训三十三　稻荷寿司

实训目的： 通过对寿司的学习，了解寿司文化、起源和发展，学会传统寿司的制作并且能开发出新品寿司。

实训要求： 掌握稻荷寿司制作，并且能够独立操作。

实训原料： 金枪鱼罐头、味付油扬[1]、白洋葱、甜口沙拉酱、咸口沙拉酱、玉米粒罐头、寿司饭各适量。

实训学时： 1学时。

烹调工具： 砧板、柳刃、大钢盆、寿司盘子。

实训步骤： 1. 味付油扬切成三角形备用。

2. 将白洋葱切成洋葱碎，挤掉水分备用。

3. 将金枪鱼罐头控干水分，鱼肉捏碎，放入处理好的洋葱碎、玉米粒，挤入两种沙拉酱搅拌均匀备用。

4. 将切好的味付油扬打开，开口处朝上将底下的部分按回，形成小船状。

5. 在味付油扬中铺上寿司饭，放上做好的金枪鱼酱即可。

注意事项： 金枪鱼酱以甜口沙拉酱为主，甜口沙拉酱与咸口沙拉酱的比例是3∶1。

1　味付油扬：带有调味的油炸豆制品。

实训三十四 军舰寿司

实训目的： 通过对寿司的学习，了解寿司文化、起源和发展，学会传统寿司的制作并且能开发出新品寿司。

实训要求： 掌握军舰寿司制作，并且能够独立操作。

实训原料： 海苔、红蟹子、寿司饭。

实训学时： 1学时。

烹调工具： 砧板、柳刃、寿司盘子。

实训步骤： 1. 将海苔分成五份。

2. 将寿司饭捏成长方形饭团。

3. 将寿司饭团放在分好的海苔上，将饭团围上。

4. 将寿司立起来后，在米饭上边填平红蟹子即可。

注意事项： 一般军舰寿司制作两枚以上，交错靠在一起摆放，以防止海苔条散开。

实训三十五 手卷寿司

实训目的： 通过对寿司的学习，了解寿司文化、起源和发展，学会传统寿司的制作并且能开发出新品寿司。

实训要求： 掌握手卷寿司制作，并且能够独立操作。

实训原料： 牛油果、三文鱼、黄瓜、三文鱼子、沙拉酱、寿司饭各适量。

实训学时： 1学时。

烹调工具： 砧板、柳刃、挤瓶、西餐刀、手卷架子。

实训步骤： 1. 将海苔对折，再对折，取四分之一张海苔。

2. 将牛油果去皮切条，三文鱼切条，黄瓜去芯切条备用。

3. 在海苔中心铺寿司饭，四周留白。

4. 在米饭中心处挤上沙拉酱，放上三文鱼条、牛油果条、黄瓜条。

5. 将其卷成冰激凌脆筒形状，撒上三文鱼子即可。

注意事项： 铺制寿司饭时不宜过多，否则会影响手卷形状。

实训三十六 造型寿司

实训目的： 通过对寿司的学习，了解寿司文化、起源和发展，学会传统寿司的制作并且能开发出新品寿司。

实训要求： 掌握造型寿司制作，能够独立操作并且加以创新。

实训原料： 寿司饭、红蟹子、绿蟹子、海苔、香蕉各适量。

实训学时：1学时。

烹调工具：竹帘、保鲜膜、砧板、柳刃、小钢盆、
　　　　　寿司盘子。

实训步骤：1. 准备两个小钢盆，一个里边放红蟹
　　　　　子，一个里边放绿蟹子，将其搅拌均匀
　　　　　备用。

　　　　　2. 将拌好的两种寿司饭均匀地铺在海苔
　　　　　上，然后将其上下叠加放在一起。

　　　　　3. 用刀将叠加在一起的寿司切成0.5厘米
　　　　　的条，将它们粘连在一起备用。

　　　　　4. 取一张海苔铺在横截面的上边，将香蕉去皮放在中心位置，慢慢卷起。

　　　　　5. 将卷好的寿司切成八块即可。

注意事项：所制作的造型寿司在口味上要协调。

实训三十七　箱寿司

实训目的：通过对寿司的学习，了解寿司文化、起
　　　　　源和发展，学会传统寿司的制作并且能
　　　　　开发出新品寿司。

实训要求：掌握箱寿司制作，并且能够独立操作。

实训原料：烤鳗鱼、海苔、寿司饭各适量。

实训学时：1学时。

烹调工具：压箱寿司模具、砧板、柳刃、寿司盘子。

实训步骤：1. 先将寿司饭放入木盒中，铺上海苔，
　　　　　然后在海苔上边铺上寿司饭，最后铺上
　　　　　烤鳗鱼。

　　　　　2. 加盖用力压，然后将木盒里压好寿司取出来。

　　　　　3. 最后把寿司切成块即可。

注意事项：在制作时用力不宜过大，以免将米饭压制过实。

📖 相关知识

寿司

　　日本寿司最早的记载是718年的《养老律令》中的"杂鲊五斗"，"鲊"和"鲊"都发"す
し sushi"的音，"su"在日语里有醋之意，从词义上看，寿司最开始应该是跟酸味的腌鱼
有关的食物。

　　早期人类为了保存食物，延长鱼肉的保质期，采用的办法也非常纯天然——稻米发酵腌
制法。这种传统古法就是用盐巴和稻米来保存季节性捕获的淡水鱼，让米饭在乳酸菌的作用

下自然发酵，再将鱼腌制后包裹在里面，在米饭中发酵便可以防止鱼肉腐败变质。

江户时代，醋逐渐取代了发酵米饭的地位，逐渐有了我们现在吃的寿司的原型——押寿司，小贩直接用手捏制寿司，也就是现在被称为"江户前寿司"的"握寿司"。

寿司之所以能代表日本料理的文化精髓，最核心的味道就是"鲜"。这个"鲜"字最早出现在2000多年前，指的是将米饭、鱼、盐放在一起，经腌制发酵后产生一种酸味，这恰巧就是发酵寿司的味道。

传统的稻米文化和鱼食文化凝聚的结晶，就是一枚寿司。它体现的是日本民族对节气的尊重，对自然万物的信仰。

十、日本料理——锅物（飯めし）

（一）锅物的概念

锅物其实就是日本火锅，是19世纪后半期以后才开始普及。这道菜肴在日本是人人喜爱吃的菜，也是一个比较著名的、能体现日本风味的典型菜肴，主要是以牛肉、蔬菜（大白菜、菠菜、豆腐、粉丝、大葱、蒿子秆等）为主。用酱油、糖和木鱼花等调味，口味甜咸，肉煮嫩一点蘸生鸡蛋吃。

锅物菜肴也分关东、关西两种，关东的是把汁兑好，关西的是将调料放在桌子上，食者自己来调味。牛肉火锅是江户末期、明治初期在古代"锄烧"菜的基础上受欧美影响而产生的，至今大约有120年的历史。"锄烧"，据说其原意是古代人们把锄在火上烧热，烤野猪肉片吃，逐步发展到现在以牛肉为主的火锅。锄烧的种类不仅限于牛肉，凡是薄切的肉类，包括鸡、野味、猪肉配上作料用平底锅的烹调吃法都统称为锄烧。

现在的料理餐厅一般用专门的器具——铁锅来成菜，这种铁锅要先放在火上烧热后，放在一个垫有木板的盘子上。不过对日本人来说，已经习惯称牛肉火锅为锄烧，前面不加牛肉二字，人们也能理解为牛肉火锅。但其他火锅在火锅前必须加上原料名字，才能区别于牛肉火锅。

（二）鱼类锅物的制作

实训三十八　海鲜粉丝锅

实训目的： 掌握锅物的制作方法和独特的器具的使用方法。

实训要求： 各种海鲜摆放精美，掌握上菜速度。

实训原料： 豆腐50克，大虾50克，粉丝50克，小青菜30克，金针菇15克，蛤蜊50克，香菇15克，茼蒿菜5克，鳜鱼500克，豆芽50克，清水2000克，清酒15克，味酥15克，昆布5克，味精1克，白汤汁1克，日本酱油5克，鸡蛋1只，胡萝卜50克，芥末5克，白萝卜泥5克，葱5克，姜5克，蟹柳50克，鱼饼50克，葱花5克，木鱼花5克。

实训学时： 1学时。

烹调工具： 切刀、不锈钢盆、小刀、塑料切板、竹扦、木板、漆盒、铁锅。

实训步骤： 1. 先用清水、味醂、昆布、木鱼花、味精、清酒、日本酱油、姜、葱、白汤汁等熬制成基础汤备用。

2. 粉丝提前用冷水泡好，放在铁锅内。倒入适量的基础汤料，调味。

3. 把各种海鲜和豆腐、蔬菜切好，摆放整齐即可。

4. 烧开后，放一个鸡蛋黄，撒葱花即可，出菜时单配调味碟（芥末、白萝卜泥、日本酱油）。

注意事项： 可以调味成海鲜味，也可为酱油和辣酱味。也可以用味噌调味。

（三）肉类锅物的制作

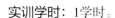

实训三十九　牛肉粉丝锅

实训目的： 掌握锅物的制作方法和独特的器具的使用方法。

实训要求： 各种海鲜摆放精美，掌握上菜速度。

实训原料： 炸豆腐50克，粉丝50克，小青菜30克，金针菇15克，豆芽50克，香菇15克，茼蒿菜5克，清水2000克，清酒15克，味醂15克，昆布5克，味精1克，白汤汁1克，日本酱油5克，鸡蛋1只，胡萝卜50克，芥末5克，白萝卜泥5克，葱5克，姜5克，葱花5克，木鱼花5克，肥牛片300克。

实训学时： 1学时。

烹调工具： 切刀、不锈钢盆、小刀、塑料切板、竹扦、木板、漆盒、铁锅。

实训步骤： 1. 先用清水、味醂、昆布、木鱼花、味精、清酒、日本酱油、姜、葱、白汤汁等熬制成基础汤备用。

2. 粉丝提前用冷水泡好，放在铁锅内。倒入适量的基础汤料，调味。

3. 把炸豆腐、蔬菜切好，摆放整齐即可。

4. 烧开后，整齐地摆放上肥牛片和一个鸡蛋黄，撒葱花即可，出菜时单配调味碟（芥末、白萝卜泥、酱油）。

注意事项： 可以调味成海鲜味，也可为酱油和辣酱味。也可以用味噌调味。

（四）日本拉面

日本拉面是指在日本有代表性的大众化面食，拉面的原料中通常会加碱水，所以拉面也是碱水面。日本人认为碱水面的做法来自中国，所以碱水面在日本也称"中华面"。

　　日式拉面其组成部分则大致由面、配菜和调味以及着味和汤底三大部分组成。面会根据面条的粗细程度分为"极粗面""中粗面""中细面""细面"等。汤底则是有"鸡骨""猪骨"和"鱼干"所熬制的三大基本汤底。着味方面也分为"酱油""盐味"及"味噌"这三种口味。而调味上则会根据拉面种类选用蒜泥、红姜、芝麻、高菜、辣油等，为一碗拉面带来更加丰富的味道。除了以上这些配菜，常见的还有圆白菜、炒蔬菜（把切成丝的豆芽、卷心菜、洋葱等炒熟后盖在拉面上）、烫菜（一般选用菠菜、海带等颜色鲜明的绿色蔬菜烫熟后放在拉面上）等。

实训四十　豚骨拉面

实训目的： 通过对拉面的学习，了解拉面文化、起源和发展，并学会其菜品制作方法。

实训要求： 学会本节课菜品豚骨拉面的制作，并且能够举一反三。

实训原料： 去皮猪五花、姜、葱、清酒、味醂、浓口酱油、猪大骨、猪皮、鸡架、拉面、鸡蛋、裙带菜、干瓢、名门卷、葱花、芝麻各适量。

实训学时： 1学时。

烹调工具： 煎锅、少司锅、汤桶、喷枪、线绳、砧板、西餐刀、拉面碗。

实训步骤： 拉面汤底制作

1. 将猪大骨、鸡架、猪皮洗净，加少许清酒焯水后再次清洗备用。

2. 将处理好的原料重新放入汤桶，加入小火煮制24小时以上。

叉烧肉制作

1. 将去皮五花肉卷成卷，用绳子捆扎好，再用煎锅将表层油质全部煎出（表面会形成金黄色硬壳）备用。

2. 在少司锅内加入葱、姜，清酒、味醂、浓口酱油（1:1:1.5），盐、糖后加入清水，放入煎好的肉卷，小火慢炖到肉软糯而不碎的时候捞出冷却。

3. 待完全冷却后去绳，用保鲜膜包起来冷冻即可。

拉面制作

1. 将鸡蛋开水下锅煮5分钟后捞出，冷水冲凉去皮切半备用。

2. 将做好的叉烧切片，两面用喷枪烧出油脂备用。

3. 将裙带菜泡发，控干水分备用。

4. 小葱切葱花、名门卷切片、干瓢切段备用。

5. 将制作完成的拉面汤底放入少司锅内烧开后下入拉面，等到拉面煮熟后捞出放入拉面碗中。

6. 将煮拉面的底汤加入少许味噌，再用清酒、味醂、木鱼素、浓口酱油调味。

7. 最后把拉面汤倒入拉面中，再将准备好的叉烧、溏心蛋（切半）、裙带菜、干瓢、葱花放上，点缀上芝麻即可。

注意事项: 在制作叉烧肉时猪肉表面的油脂需要全部煎出再进行下一步操作,否则会影响叉烧口感。

(五)乌冬面的概念

乌冬面是最具日本特色的面条之一,与日本的荞麦面、绿茶面并称日本三大面条。其口感偏软,介于切面和米粉之间,乌冬面通过配合不同的佐料、汤料、调味料可以制成不同的口味。有的时候也会在面上加上裙带菜、蔬菜天妇罗、小葱一起食用。

实训四十一　海鲜乌冬面

实训目的: 通过对乌冬面学习,了解乌冬面文化、起源和发展,并学会其菜品制作方法。

实训要求: 学会本节课菜品海鲜乌冬面的制作,并且能够举一反三。

实训原料: 娃娃菜、胡萝卜、香菇、金针菇、蟹味菇、裙带菜、小葱、木鱼花、昆布、大虾、八爪鱼、花蛤、清酒、味醂、木鱼素、浓口酱油、盐、糖、乌冬面各适量。

实训学时: 1学时。

烹调工具: 少司锅、砧板、西餐刀、乌冬面碗。

实训步骤: 1. 制作汤底,2000毫升水加入10克木鱼花、昆布小火煮10分钟,过滤备用。

2. 将蔬菜清洗干净,娃娃菜切段,胡萝卜切丝,香菇切片,金针菇、蟹味菇去根,小葱切葱花备用。

3. 裙带菜泡发后控干水分备用。

4. 将做好的汤底煮开,然后加入清酒、味醂、木鱼素、浓口酱油、盐、糖调味。

5. 将乌冬面、什锦蔬菜、海鲜一起放入汤中煮熟。

6. 装碗后加入裙带菜,撒上葱花即可。

注意事项: 海鲜乌冬面口感较为清淡,按实际需求调整调味料数量。

(六)丼物的概念

牛丼是日本战败后的发明。丼物是指一碗有碗盖的白饭,饭上铺着菜,如称天丼、炸猪肉排的为カツ丼、鸡蛋和鸡肉的为亲子丼。牛丼的主要做法是将肥牛片和洋葱丝配以调制料汁一起烹饪后盖在米饭上食用,食用时可配以腌制的红姜丝和泡菜。由于食用方便,故广受上班族的欢迎。

实训四十二　牛丼饭

实训目的: 通过对牛丼饭的学习,了解丼物文化、起源和发展,并学会其菜品制作方法。

实训要求: 学会本节课菜品牛丼饭的制作,并能够用其他原料做出丼物。

实训原料: 米饭肥牛片、鸡蛋、海苔丝、白洋葱、小葱、清酒、味醂、木鱼素、白砂糖、色拉油、浓口酱油各适量。

实训学时：1学时。

烹调工具：燃气炉、平底锅、木铲、砧板、西餐刀、低温慢煮机、牛丼饭碗。

实训步骤：1. 将鸡蛋放入低温慢煮机中65℃煮15分钟，制作成温泉蛋备用。

2. 将洋葱切成洋葱丝，小葱切葱花备用。

3. 平底锅内加入色拉油，放入洋葱丝炒软，炒出洋葱的香气。

4. 在洋葱上加入肥牛片，喷上清酒，翻炒均匀使酒气挥发。

5. 待肥牛片变色后加入味醂、木鱼素、白砂糖、浓口酱油调味。

6. 在碗底放上米饭，铺上炒好的牛肉，在米饭中间放上温泉蛋，搭配海苔丝，撒上葱花即可。

注意事项：洋葱炒软炒香后才能放入肥牛片，否则会影响口感。

实训四十三　鳗鱼饭

实训目的：通过对鳗鱼饭的学习，了解照烧文化及其起源和发展，并学会其传统制作方法。

实训要求：学会本节课菜品鳗鱼饭的制作，并且能够举一反三。

实训原料：米饭、活鳗鱼、鸡蛋、小葱、清酒、味醂、木鱼素、糖、浓口酱油、色拉油各适量。

实训学时：1学时

烹调工具：鳗鱼钉、柳刃、西餐刀、铁扦子、焗炉、蒸锅、少司锅、平底锅。

实训步骤：1. 将鳗鱼放入冰箱冷冻3分钟至鳗鱼不会动，备用。

2. 将鳗鱼放入砧板上，头上钉上鳗鱼钉固定，用背开的方式将鳗鱼片开，去掉鱼头，取下鱼骨，清洗干净备用。

3. 将鱼骨用焗炉焗上色备用。

4. 在少司锅内放入鱼骨、糖、浓口酱、清酒、味醂、木鱼素、水，将鱼骨中的胶质熬出来，浓缩成鳗鱼汁备用。

5. 将处理好的鳗鱼肉用铁扦子穿上（每隔5厘米穿一根），放入焗炉烤制。

6. 在烤制的过程中刷4~5遍鳗鱼汁。

7. 待鳗鱼烤好后将鳗鱼放入蒸锅中，蒸30分钟，取出刷照烧汁再烤一遍备用。

8. 将鸡蛋摊成蛋皮，切细丝，小葱切葱花，烤好的鳗鱼切成鳗鱼段。

9. 在餐具下边铺上米饭，放上鳗鱼、蛋丝，最后在鳗鱼上淋少许鳗鱼汁（增色增亮），撒上葱花即可。

注意事项：　1．注意鳗鱼活力强，表皮黏液较多，需将其冻晕后再进行操作。

　　　　　　2．鳗鱼在处理时有背开和腹开两种方法，一般选择背开。

十一、日本料理——止肴（止め肴とめざかな）

（一）铁板烧的概念

日本料理菜肴里的铁板烧叫Teriyaki。

日式铁板烧的起源较为广泛，较为可靠的说法是15、16世纪时，由西班牙人发明，当时因为西班牙航运发达，经常出海，船员成日与大海为伍，烹调工具十分有限，只能在铁板上将食物炙烤成熟，这一烹调方式后来由西班牙人传到美洲大陆的墨西哥及美国加利福尼亚州等地区。20世纪初，一位日裔美国人将这种铁板烧出食物的烹调技术引进日本并加以改良，成为今日的日式铁板烧。

日式铁板烧是日本料理中最高级别的就餐形式，它不同于中餐的烧烤和韩式烤肉，铁板烧是将新鲜的食材直接放在热铁板上炙烤成熟，这些食材绝大多数事先不能腌制加工，而是通过高热的铁板快速烹调成熟，以保留其本身的营养和味道，由于食材事先不能腌制加工，所以它对原材料的要求非常高，比如鹅肝、牛仔骨、大明虾、银鳕鱼、带子等。日本料理的铁板烧是一种接近表演的烹调过程，一般是很高级的料理亭才有厨师表演烹调技巧，铁板料理厨师站在铁板台前当着客人表演各种菜肴的烹制过程。从菜肴原料切割、烹饪、调味、装盘等一气呵成。客人除了享受美味的菜肴，更重要的是享受料理师烹调菜肴带来的手法、技巧的表演艺术。

实训四十四　大虾铁板烧

实训目的：掌握铁板菜肴制作基本动作要领和少司
　　　　　制作技术。

实训要求：熟练切割大虾，掌握黄油少司的制作要
　　　　　领和调味风格。

实训原料：帝王虾500克，清酒30克，西蓝花30克，
　　　　　香菇30克，黄油50克，淡口酱油50克，
　　　　　盐、胡椒适量，烧烤汁30克，柠檬50克。

实训学时：1学时。

烹调工具：切刀、不锈钢盆、小刀、塑料切板、竹
　　　　　扦、陶瓷盘、铁板、铁板盖。

实训步骤：　1．先把帝王虾头取下，打开头上的壳，清洗。虾身对开，去壳去沙肠。

　　　　　　2．香菇、西蓝花初加工好备用，柠檬挤汁备用。

　　　　　　3．铁板上放黄油，烧烤大虾头和虾肉。旁边放少许黄油、淡口酱油、清酒、烧烤汁、
　　　　　　　盐、胡椒、柠檬汁等，通过受热浓缩制成少司。

　　　　　　4．香菇、西蓝花扒热后装盘，再放上大虾，淋上浓缩好的少司即可。

注意事项：浓缩少司速度要快，动作要熟练。

实训四十五　铁板雪花牛肉

实训目的： 掌握铁板菜肴制作基本动作要领和少司制作技术。

实训要求： 掌握雪花牛肉的加工基础，掌握黄油少司的制作要领和调味风格。

实训原料： 雪花牛肉500克，清酒30克，西蓝花30克，香菇30克，黄油50克，淡口酱油50克，盐、胡椒适量，烧烤汁30克，柠檬50克，蒜末15克，金针菇50克，香葱5克。

实训学时： 1学时。

烹调工具： 切刀、不锈钢盆、小刀、塑料切板、竹扦、陶瓷盘、铁板、铁板盖。

实训步骤： 1. 先把雪花牛肉刨成薄片，撒盐、胡椒后卷上金针菇备用。

2. 香菇、西蓝花初加工好备用，柠檬挤汁备用。

3. 铁板上放黄油，烧烤牛肉卷。旁边放少许黄油、淡口酱油、清酒、烧烤汁、柠檬汁等，通过受热浓缩后成少司。

4. 香菇、西蓝花扒热后装盘，再放上牛肉卷，淋上浓缩好的少司即可。

注意事项： 浓缩少司的时候速度要快，动作要熟练。

实训四十六　铁板火焰鹅肝

实训目的： 通过本节课的学习，了解铁板烧，掌握铁板烧的基本技法。

实训要求： 掌握铁板烧菜品的基本操作技法，并举一反三。

实训原料： 鹅肝、红酒、蓝莓、蓝莓酱、黄油、面粉、白兰地、盐、黑胡椒、吐司面包、菠萝罐头各适量。

实训学时： 1学时。

烹调工具： 铁板烧设备（扒板）、少司锅、木铲、胡椒棒、菜板、西餐刀。

实训步骤： 1. 将蓝莓洗净切半备用，少司锅内加入红酒、蓝莓酱、蓝莓煮开，待红酒挥发酱汁浓稠后，加入黄油使酱汁增香增亮。

2. 吐司面包去边，两边涂上黄油烤制酥脆备用。

3. 将鹅肝解冻后，切片，两面撒上盐、黑胡椒，轻薄地拍一层面粉备用。

4. 待铁板烧热后将鹅肝煎至成熟并两面金黄。

5. 在铁板上倒少许白兰地点着，用铁铲在鹅肝四周划过，呈现火焰鹅肝效果。

6. 装盘时，先将酱汁在盘中划过，放上烤好的面包片，在面包上放上菠萝片。

7. 然后将煎好的鹅肝放在菠萝上，最后在鹅肝上浇少许酱汁即可。

注意事项：1. 烧制白兰地时注意不要烧到自己。

2. 鹅肝在煎时断生即可。

（二）御好烧的概念

日本的御好烧正式诞生于昭和年间，是一种以面糊加热煎烤，配合其他蔬菜、海鲜、肉类、鸡蛋以及酱汁制作而成的一种铁板料理。原理上有点类似于中国的煎饼，但工艺比煎饼要复杂得多。

现存的主流御好烧大致分为两个流派，分别是关西风（大阪风）和广岛风。除此之外，各地还有一些分支流派。在一定程度上讲，大阪风与广岛风并非同根同源发展出的两个分支。如同寿喜烧这类锅物也分关东风与关西风一样，两个流派是以不同原型分别进化，但发展过程又有互相借鉴的部分。当然，御好烧关西风（大阪风）倒是没有借鉴广岛风的地方，因为广岛风的出现比大阪风要晚得多。大阪风御好烧已经定型之后，广岛风御好烧才逐渐形成风格。

大阪风御好烧的主要特点是混合食材，厚烧。形式更像西餐中的比萨。

广岛风御好烧的主要特点是摊面皮，然后一层层堆叠食材。形式类似西餐中的汉堡包（或三明治）。

实训四十七　海鲜大阪烧

实训目的：通过对大阪烧的学习，了解大阪烧文化、起源和发展，并学会大阪烧的制作。

实训要求：学会本节课菜品海鲜大阪烧的制作，并且能够举一反三。

实训原料：包菜、山药、鸡蛋、大虾、八爪鱼、低筋面粉、盐、木鱼素、黑胡椒、木鱼花、好食酱、沙拉酱各适量。

实训学时：1学时。

烹调工具：平底锅、砧板、挤瓶、西餐刀。

实训步骤：1. 将大虾去皮洗净取虾仁备用，八爪鱼洗净切细条备用。

2. 将包菜切成包菜丝，山药磨成山药泥放入大钢盆中。

3. 将鸡蛋、低筋面粉、虾仁、八爪鱼、水少许加入盆中，将其搅拌均匀。

4. 在面糊中加入盐、黑胡椒、木鱼素调味备用。

5. 在平底锅中加少许色拉油，倒入调好的面糊，将其煎至两面金黄。

6. 煎好后在大阪烧上挤上好食酱和沙拉酱。

7. 装盘后在大阪烧上铺上木鱼花即可。

注意事项：在调制面糊时，面粉的使用量不要超过包菜。

实训四十八　日式炸猪扒

实训目的：通过学习日式炸猪扒，了解面包糠炸食物的变化和油温控制的技术要点。

实训要求： 学会本节课菜品日式炸猪扒的制作，并且能够举一反三，运用不同的风味制作日式炸猪扒。

实训原料： 猪里脊100克，日式面包糠50克，生粉100克，鸡蛋液50克，大蒜5克，黄油3克，去皮白芝麻10克，日式照烧酱30克，味醂3克，清酒3克，圆白菜丝50克，蛋黄酱10克，圣女果10克，番茄20克，胡萝卜20克，胡萝卜丝20克，海苔丝20克，脐橙30克，芝麻油20克，白醋5克。

实训学时： 1学时。

烹调工具： 平底锅、砧板、挤瓶、西餐刀、破壁机、油锅、吸油纸。

实训步骤： 1. 猪里脊切厚片，用肉槌拍打后整形。

2. 日式面包糠加黄油、大蒜、去皮5克白芝麻混合后，猪扒调味过三关（粘生粉→裹蛋液→粘面包糠）。

3. 日本沙拉酱：去皮白芝麻5克、芝麻油、日式酱油、番茄、胡萝卜、脐橙肉、白醋、清酒、味醂、蛋黄酱用料理机高速混合即可。

4. 装饰：放上圆白菜丝、胡萝卜丝、海苔丝、圣女果即可。

注意事项： 1. 猪扒要拍打到位。

2. 炸制的油温控制技巧，猪扒要求刚熟，里面多汁（因此可以腌制后制作）。

3. 圆白菜丝要切得很细，冲水备用。

十二、日本料理——和果子（甘味あまみ）

（一）和果子的概念

和果子，一种日式点心，以糖、糯米、小豆等为主要原料。

和果子主要有生果子、半生果子和干果子。生果子分为饼果子、蒸果子、烧果子、练切果子、炸果子等；半生果子分为馅果子、陆果子、烧果子、羹果子等；干果子分为打制果子、压型果子、挂糖果子、糖饴果子等。主要以成品状态含水分的多少来分类。

（二）和果子的制作

实训四十九　日式大福

实训目的： 通过对大福饼学习，了解和果子文化、起源和发展，并学会其甜品制作方法。

实训要求： 学会本节课甜品大福饼的制作。

实训原料： 糯米粉、玉米油、玉米淀粉、白砂糖、全脂牛奶、淡奶油、芒果粒各适量。

实训学时： 1学时。

烹调工具：蒸锅、小钢盆、打蛋器、刮刀、裱花袋、
　　　　　擀面杖、大福模具。

实训步骤：1. 准备200克糯米粉、25克玉米油、30克
　　　　　玉米淀粉，20克白砂糖，250毫升全脂牛
　　　　　奶搅拌至没有干粉（顺滑的流线状态）。

2. 准备小钢盆在里边铺上油纸，再将糯米糊全部倒入盆中。

3. 冷水上锅，水开之后大火蒸25分钟，冷却备用。

4. 在打蛋机内加入300毫升淡奶油、30克糖，高速搅打3分钟再低速搅打3分钟，打发到可以看到明显的纹路。

5. 将打发好的淡奶油装入裱花袋中，绑好放入冰箱冷藏备用。

6. 在无水无油的平底锅内加入100克糯米粉，小火翻炒到微微发黄即可。

7. 在面板上撒一些炒熟的糯米粉，取出放凉的糯米团，揉成长条切成小剂子，在小剂子上撒上炒熟的糯米粉擀成薄皮备用。

8. 将糯米皮放在大福模具上，铺上一层奶油，放上芒果粒，再铺一层奶油，将其包好翻过即可。

注意事项：糯米粉需要搅拌到顺滑的流线状态再进行上锅蒸制。

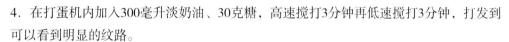

实训五十　草莓大福

实训目的：通过实训本品种，掌握饼果子类草莓大
　　　　　福的制作方法及技术要领。

实训要求：能够熟练进行草莓大福成形操作，能正
　　　　　确把握草莓大福质量要求。

实训原料：糯米粉180克，太白粉20克，奶粉10克，
　　　　　细砂糖100克，水麦芽30克，清水360克，
　　　　　红豆馅375克，新鲜草莓15颗，熟太白粉
　　　　　100克。

实训学时：1学时。

烹调工具：不锈钢锅、木勺、橡皮刮刀、不锈钢盆、面筛、毛刷、擀面杖、一次性手套。

实训步骤：1. 调制面团：将清水、细砂糖、水麦芽倒入锅中烧开；糯米粉、熟太白粉、奶粉放
　　　　　盆中用擀面杖搅拌均匀，将烧开的水冲入粉料中用擀面杖搅至没有干粉，放入蒸锅蒸制
　　　　　20分钟至糯米团呈透明状，取出趁热用擀面杖搅上劲至表面光泽润滑，备用。

2. 调制内馅：将红豆馅分成每份20克搓圆，用手掌压平，包入整颗草莓做内馅。

3. 成形：熟太白粉过筛做扑粉，取出完成的面团放在熟太白粉上，分成每个42克的面
　　　团，搓圆压平，用毛刷将面皮上的熟太白粉轻轻刷掉，将内馅顶朝下放入糯米片中间，
　　　用拇指与食指边绕圈边包裹内馅，收口后调整成圆形，即成。

注意事项: 1. 豆沙馅包草莓及糯米面团包内馅采用拢馅法包裹。

2. 掌握好面团蒸制时间，蒸熟后取出趁热搅上劲，搅拌时擀面杖可以沾少许冷开水，可以防止面团粘擀面杖。

实训五十一　羊羹

实训目的: 通过实训掌握羊羹类的制作方法及操作技能，掌握相关设备、器具的正确使用方法。

实训要求: 能正确把握羊羹类质量要求。

实训原料: 水180毫升，寒天粉5克，白砂糖200克，水豆沙350克，水麦芽8克。

实训学时: 1学时。

烹调工具: 不锈钢锅、木勺、橡皮刮刀、不锈钢模具（13.5厘米×15厘米）、玻璃碗、片刀、平铲、砧板、直尺。

实训步骤: 1. 熬制寒天水：将水、寒天粉倒入锅中用中小火加热熬至完全沸腾，寒天粉充分融化，加入白砂糖和水豆沙充分混合，一直搅拌至呈黏稠状时，再加入水麦芽，略煮至有光泽。沸腾后熄火，隔水用橡皮刮刀搅拌降温至50℃。

2. 装模定型：将寒天液倒入模具，放在案板上轻敲几下排出空气，放入冰箱冷却凝固。

3. 脱模成型：将定型的羊羹取出脱模，倒在喷湿的砧板上，用刀切成3厘米×4.5厘米的小块装盘即可。

注意事项: 1. 将寒天液倒入模具时，应避免起沫。如果有泡沫，应用干净的工具将泡沫撇出，否则冷却后影响成品的美观。羊羹类甜点是直接入口的食品，需要保证模具的卫生。

2. 在没有寒天粉时可以用寒天条或者寒天丝，比例是寒天条1支＝寒天丝8克＝寒天粉3.5克。寒天条与寒天丝需要提前用水泡软才能煮。

（三）水信玄饼的概念

水信玄饼是日本的一种传统小吃，水信玄饼就是用糯米粉做成软年糕后粘上黄豆粉吃的。后来一家日本点心店用琼脂代替糯米粉，从而制作出了像水晶球一样透明的"水信玄饼"，受到日本消费者的青睐，并流传至今。

实训五十二　水信玄饼

实训目的: 通过对水信玄饼的学习，了解水信玄饼文化、起源和发展，并学会其甜品的制作方法。

实训要求: 学会本节课甜品水信玄饼的制作。

实训原料: 干樱花、琼脂、白砂糖、黄豆粉、糖油各适量。

实训学时: 1学时。

烹调工具: 水信玄饼模具、少司锅、盘子、蛋抽。

实训步骤： 1. 将干樱花泡发备用。

2. 将10克琼脂粉、30克白砂糖，380毫升水混合搅拌均匀。

3. 用少司锅小火煮开1分钟，稍微冷却后倒入水信玄饼模具中，放入泡好的干樱花。

4. 将其放入冷藏冰箱中冷藏2小时后脱模。

5. 装盘后搭配黄豆粉和糖油即可。

注意事项： 脱模时要注意甜品的完整性。

（四）红豆烧的概念

红豆烧又名铜锣烧，这是由两片圆盘状、长崎蛋糕风格的烤饼皮包裹红豆馅的和式点心。长崎蛋糕在16世纪由传教士从葡萄牙传到长崎，是一种用鸡蛋、小麦粉、砂糖烤制而成被称为"Pão-de-ló（葡萄牙语，可理解为海绵蛋糕）"。在葡萄牙，它是诞生在修道院、用以供奉教会的点心，到了日本，经过长时间发展也逐渐演变成日本经典的点心之一。传统的长崎蛋糕依然以鸡蛋、面粉、砂糖（水饴）为主要食材，如今的制作中也会加入蜂蜜和味醂等食材，固定成正方形或长方形烤制而成，食用时一般会切成2~3厘米的厚度。关于铜锣烧的由来，有传说认为，平安时代末期的僧兵武藏坊弁庆在负伤之际曾在平民家里接受治疗。伤好后他将军中的铜锣赠送给恩人，恩人拿了铜锣做平底锅，煎烤出简单的点心回赠。因为形似铜锣，又是以铜锣煎烤成的，所以取名为铜锣烧。从馅料上来说，铜锣烧也可以不只是夹入红豆馅，多数情况还可以混入年糕和栗子。在大分县汤布院，当地名物还有夹入布丁的"布丁铜锣烧"。在宫城县宫城郡利府町的一家点心店将红豆馅和生奶油打发后混合做馅夹在饼皮中，制作并命名为"生铜锣烧"。从这以后，在日本全国各地，铜锣烧馅料也被挖掘出更多的可能性。加入色彩鲜明的水果、抹上甜蜜的果酱、搭配清凉的冰激凌等新颖的组合方式，都让这种传统的和式点心变得更加引人注目。

实训五十三 红豆烧

实训目的： 通过对红豆烧的学习，了解红豆烧文化、起源和发展，并学会其制作方法。

实训要求： 学会本节课菜品红豆烧的制作。

实训原料： 鸡蛋4个，低筋面粉200克，细砂糖54克，蜂蜜20克，盐3克，泡打粉4克，牛奶60克，玉米油20克，红豆沙适量。

实训学时： 1学时。

烹调工具： 平底锅、蛋抽、大钢盆、汤勺。

实训步骤： 1. 在大钢盆中打入鸡蛋，加入细砂糖、蜂蜜、盐、玉米油、泡打粉、牛奶，用蛋抽搅拌均匀至砂糖完全溶化。

2. 将低筋面粉过筛到其中，搅拌至无干粉，盖保鲜膜静置30分钟。

3. 在平底锅中加入一勺面糊，在倒面糊时不要搅动，使面糊自然摊开。

4. 用小火慢慢加热，待面糊表面出现密集小气泡，翻面煎一下铲出冷却。

5. 待所有面饼做好后，上边一个饼皮下边一个饼皮，中间夹上红豆沙。

6. 装盘时可搭配糖油或蜂蜜等进行装饰。

注意事项： 在煎制饼皮时要用小火，避免饼皮煳化。

？ 思考题

1. 菜肴制作中的团队协作有什么重要性？

2. 如何保证食品操作的安全与卫生？

3. 日本料理在哪些方面体现了健康与营养的特点？

第三章
韩国料理部分

⊕ 学习目标

通过学习韩国料理的概念、饮食文化、历史渊源深入理解韩国料理；通过学习韩国料理烹饪方法和饮食特点，基本掌握韩国料理知识，为后面的菜肴制作打下基础；学习特色原料加深对韩国料理特点和风格的认识，掌握基本菜肴制作技能；本章要求理论学习和实践教学相结合，从烹饪文化与历史渊源中学习基础理论知识，再延伸到烹饪技能教学；基本掌握特色韩国料理菜肴制作；深入理解韩国料理文化和融合发展的历史。

⊗ 内容引导

通过相关知识的学习，延伸课后学习内容，引导学生查阅资料，并且通过韩国饮食文化的学习，融入中国人民膳食营养学，让学生树立健康饮食的理念；通过学习韩国料理文化的渊源，让学生养成不断地从各国烹饪料理吸取有益元素，开创出更有特色、适合当代餐厅的主打菜品的能力；培养敬业、乐业、爱业品质和勤奋刻苦的劳模精神；加强榜样的引领作用，引导学生树立正确的价值取向，促进学生全面可持续发展，使学生能够胜任不断变化的市场岗位需求。

第一节　韩国料理饮食文化与历史

一、韩国料理概述

韩国料理（한국 요리），又称韩食。从高句丽、百济、新罗，到高丽实现高丽王朝"三韩统一"，再到李氏建立朝鲜王朝，到今天的韩国、朝鲜，人们认识的朝鲜半岛处于不断的变化中，但是烹饪饮食文化的传承是一以贯之的。

"民以食为天"，饮食文化深深根植于民族文化之中，是民族文化的重要组成部分。在历史不断发展进步的过程中，受地理生态环境、生活生产方式、社会风俗、宗教信仰、经济发展水平等多方面因素的影响，不同地区的民族在饮食结构、饮食习惯、营养观念等方面都表现出各自的独特性，从而形成了各具特色的饮食文化。对于不同饮食文化的探究可以增强对该民族群体性格、思维方式等方面的认识。

朝鲜半岛人民长期生活在三面环海、以山岳地形为主的环境中，通过渔猎、采集和农耕生活，他们积累了丰富的生产生活经验，并基于地缘特点，养成了喜好"山珍"的饮食习惯。同时，该地区还与海产品资源丰富的俄罗斯接壤，与日本隔海相望，海产进口极为便利。这种独特的地理条件使朝鲜人民发展了喜食"山珍"以及"海味"的饮食风俗习惯。

北部地区夏天短，冬天长，饮食跟南部地区比偏淡，不太辣。菜多呈大块儿，菜量又很多，表现出当地居民的性格。相反，越往南，菜的味道越重、越辣，调味料和鱼浆放得较多。在冬季，这种地理气候十分影响植物的生长。

为更好地储存蔬菜，解决冬天缺乏蔬菜的难题，半岛人民在借鉴邻国做法的同时，结合本国特色与时代特征，逐步发展出了今天的韩国泡菜（Kimchi）。韩国泡菜主要以白菜、萝卜等蔬菜为原料，加上葱丝、姜丝、蒜片、白糖、虾酱、银鱼酱、辣椒粉等，用盐腌制。虽然泡菜是朝鲜民族最具传统特色的菜肴之一，但在口味、制作流程等方面也存在着地域性差异。如半岛北部地区的泡菜味道偏清淡，更容易被外国人所接受；南部地区的泡菜则会放入更多的辣椒粉和海鲜酱，味道更加浓郁。

1. 唐朝时期的"三韩统一"

从韩国以种植稻米为中心的农业社会开始，他们的文化逐渐与中国的文化成为一体。韩国的文化受中国影响十分明显，早在唐朝时期，朝鲜半岛的新罗国就派人到中国学习中国的文化以及治国的策略，甚至照搬照抄，新罗也因为吸收了中国的文化而强大起来，因此统一了朝鲜半岛。

韩国人民对佛教的接受度较高，禅宗早在新罗兼并另外两个王国百济和高句丽以前就已经传入韩国，但是直到统一新罗时代（668—901年）末期，即强大的地方地主势力起而反对中央集权统治制度的时候才开始盛行。

这一时期是韩国料理形成的初期，水稻种植技术的发展，奠定了韩国料理的东方饮食文化基础。

2. 宋朝时期的"高丽王朝"

公元918年"王氏高丽"政权建立，并于935年合并新罗，936年灭后百济，实现"三韩一统"。现在韩国的英文"Korea"便是由"高丽"转音而来。现在仍有许多韩国料理的原料带有当年的印记，比如高丽人参、高丽菜丝。

　　这一时期是韩国料理初步发展时期，大量新奇食材的出现，特别是在同宋朝的交流和学习中，中医五行养生学说在韩国得到进一步的发展，并且确立"医食同源"这一学说，"好食物就是好药材"是以提高自身治愈能力为目的的韩医学向来提倡的重要观点之一。现代的韩国料理中，也有许多基于此观点而产生的药膳料理、使用韩方食材制成的料理等。

3. 明清时期的"朝鲜王朝"

　　新儒学在高丽时代后期传入韩国，最终发展成为李氏"朝鲜王朝"主要哲学思想。韩国人最尊敬的世宗大王（1397—1450年）于1443年组织一批学者创造了适合标记朝鲜语语音的字母体系。朝鲜世宗时期国力达到极盛，经过数十年开疆拓土，朝鲜终于形成以鸭绿江、图们江为界的北部疆域。

　　宫廷奠定的韩国料理：朝鲜时代是王权文化的鼎盛时期，应运而生的宫廷料理即是韩国传统饮食文化的精髓。宫廷料理以从全国各地进献给君王的食材为原料，由顶级御厨和厨房尚宫精心制作，烹饪方法和精湛手艺传承至今。宫廷料理经宫中的厨房尚宫和王室后裔的口传以及宴会记录流传至今，彰显韩国饮食文化之精华。可以说，韩国料理文化就是宫廷料理文化。

4. 日本殖民时期

　　1895年，中日甲午战争后，清朝承认朝鲜自主。1910年，日本宣布"日韩合并"。1910年—1945年，日本殖民时期，抹杀了韩国文化，甚至不允许韩国人使用韩文，这一时期是韩国料理和日本料理融合、交融、碰撞时期，最后韩国料理在融合和交融中不断地变革发展，在保留基本的宫廷料理文化的基础上，逐步发展成为独特的韩国料理文化。这一时期韩国民众逐步接受刺身、寿司这些日本料理的烹饪方法，但是加以变通和变化，产生了韩国风格的刺身和紫菜饭卷之类的食物。

5. 现代韩国料理时期

　　从历史社会变迁中不断发展出来的韩国料理，高度保留了传统宫廷饮食文化，并且致力于新料理文化的发展。1994年韩国政府设置文化产业局，1998年更是提出"文化立国"战略。在1988年汉城（今首尔）奥运会上，韩国政府花费巨资对泡菜进行广告宣传，免费让世界各地的运动员与游客品尝。借助2002年韩日世界杯，韩国拌饭继韩国泡菜之后，成为又一个世界性的著名美食。

　　近年来，韩国把传统食品世界化作为一个重要国家项目全力打造，明确提出了"韩食世界化推进战略"。在韩国政府和社会各界的共同努力下，韩国传统食品越来越受到世界各国人民的喜爱。

　　介绍韩国饮食文化的许多电视剧，不仅带动了韩国旅游业的发展，还刮起了"韩食""韩流"的风潮，使韩国传统饮食文化受到广泛关注，促进了韩国料理的大发展。

　　总的来说，韩国饮食就是在社会变革和发展中，紧紧把握饮食文化发展的脉络，在保留传统宫廷料理的基础上，不断地在学习、同化、融合、变革中发展。

二、韩国料理的饮食文化

　　韩国是一个有着丰富历史和美味饮食的国家，500多年来，仍保留着朝鲜王朝时代饮食风俗。了解了韩国料理概述后，不难看出韩国料理受中国饮食文化影响很深，但是真正的韩国料理实际就是朝鲜王朝时期宫廷料理文化。韩国料理这些年取得的巨大发展也是对朝鲜宫廷料理的不断挖掘和发展，这是一条真正的饮食文化发展道路，核心就是文化。

（一）地理

位于东北亚，三面环海。朝鲜半岛位于亚洲东部，东北与俄罗斯相连，西北部隔着鸭绿江、图们江与中国相接，东南隔朝鲜海峡与日本相望。西、南、东分别被黄海、朝鲜海峡、日本海环绕。境内多山，山地和高原占全国总面积的80%。

（二）物产

韩国历史上曾是农业国，自古就以大米为主食。现在的韩国料理包括各种蔬菜和肉类、海鲜类等，而泡菜（发酵辣白菜）、海鲜酱（腌鱼类）、大酱（发酵豆制品）等发酵食品则成为韩国最具代表性同时也具有丰富营养价值的食品。韩国餐桌文化最大的特点就是所有的料理一次上齐。根据传统，小菜的数量依不同档次从3碟到12碟不等。而餐桌的摆放、布置也随料理的种类有很大的不同。因韩国人对形式的重视，餐桌摆设礼仪也得到了极大的发展。此外，同邻近的中国、日本相比，汤匙在韩国的使用频率更高，尤其当餐桌上出现汤的时候。韩国冬天腌制泡菜的风俗，历经多年一直保存至今。因冬季3~4个月间，大部分蔬菜难以耕种，泡菜腌制一般都在初冬进行。

（三）气候

朝鲜半岛的地形由北向南伸展，东西窄，北部地区和南部地区的气候差异很大。再加上北部是山地，南部为平原，主要物产也大不相同。韩国人在生活中摸索合理的饮食方法，并积累了丰富的经验，祖祖辈辈保持着独特的饮食传统，最终形成了富有地方特色的饮食文化。

（四）历史

1. 高句丽、百济、新罗

朝鲜半岛的人文饮食文化从《三国志·魏志·东夷传》就有记载，应该是先秦时期的移民与当地的原住民族，经历韩国的三国时期（新罗、高句丽、百济），从中国唐朝传入的水稻种植技术开始发展。韩国人古时候就擅长酿造食物，并且很早就掌握了食物的酿造技术。《三国志·魏志·东夷传》中有新罗、高句丽、百济人皆擅于制造发酵食品的记录。

重要贡献：传承东方饮食文化的发展，掌握酿造食品。

2. 新罗后期"三韩统一"

大约是在唐朝时期，朝鲜半岛就开始进入种植水稻的农耕社会，文化逐渐与中国的文化浑然一体，后来新罗兼并百济、高句丽，这一时期奠定了韩国料理的东方饮食文化基础，大米和小麦为主食，这时候韩国料理大致上都偏向于清淡，追求原汁原味。韩国冬天寒冷，农作物、蔬菜难以生长时必须依赖泡菜、水泡菜、酱瓜等，传统腌制菜的饮食习惯慢慢形成。

重要贡献：大米文化的传承，泡菜形成初期。

3. 高丽王朝

到中国宋朝时期，王氏高丽逐步实现"三韩一统"，史称"高丽王朝"。高丽时期的主食就是以各类米饭为主，当时农业主要是稻米生产，所以那时人们的主食就是小米和大米，作为副食的蔬菜主要有白萝卜、黄瓜、茄子、葱等，那时的韩国人就知道用白萝卜腌制后做泡菜在冬季食用。时至今日，韩国料理的许多菜肴都有那一时期的鲜明印记，比如，人们一般称长白山的人参为"高丽参"，称朝鲜的卷心菜为"高丽菜"，韩国的英文名称"Korea"也是由"高丽"音翻译过来。这一时期宋朝的中医药对韩国的影响较大，大量的中国医书传入韩国，韩国饮食深受中医养生理论的影响，特别是中医讲究五行平衡，阴阳八卦，太极四象等，这些思想深深影响了韩国料理观念，比如饮食理论的因时而补、好食物就是好药材的观念的形成，韩国料理的观念甚至认为可以通过在不同季节进食不同功效的食物提高自身身体素质，治愈病痛，逐步诞生了韩医文化、药膳料理。在高丽时期，饮食器具花样繁多，包括铜器、陶器、瓷器、木器等，特权阶层用金、银器。当时用餐多用小饭桌，只在宫中或国宴上用较高的大桌。随着铜冶炼技术的发展，人们开始比较普遍使用铜制餐具，取代了原来的木制和陶瓷餐具。这些饮食生活习惯几乎原封不动地流传至今。所以，可以说这一时期是韩国传统生活习俗的形成时期。

重要贡献：韩国料理的雏形基本形成，药膳文化的开始。

4. 李氏朝鲜王朝

中国元朝、明朝期间新儒学传入韩国，最终成为朝鲜王朝的主要哲学思想。朝鲜"世宗大王"时期是朝鲜宫廷最繁盛的时期，朝鲜王朝设立八大行政区，包括北部的咸镜道、平安道和黄海道，中部的京畿道、忠清道和江原道，南部的庆尚道和全罗道，也就是人们常说的朝鲜八道。从17世纪朝鲜王朝各地开始种植从中国传入的辣椒、土豆、南瓜、玉米、白菜等。随着这些蔬菜和粮食作物的种植，更丰富了人们的饮食品种。朝鲜人喜食辣椒习惯也是从这个时期开始的。这一时期的日常主食有各种米饭、粥和汤，副食有大酱、泡菜和鱼酱等。除此之外，每逢节日，人们也制作各种适合节日特点的特殊饮食，比如打糕、面条、烤肉（鱼）、炖菜、药饭、五谷饭等。这一时期应运而生的宫廷料理直到现在还是韩国料理的基础。从全国各地进献给君王的食材，由御厨和厨房尚宫精心制作，宫廷料理的菜单、烹饪手法和技艺，被厨房尚宫和王室后裔的口传以及宴会记录的形式流传至今，彰显韩国饮食文化之精华。

韩国的泡菜文化里，有着浓浓的中国儒家文化痕迹。唐朝时期四川泡菜就被带到韩国，并与当地特色蔬菜结合，形成腌制类的泡菜。到了朝鲜时代，大量种植的白菜、萝卜成了泡菜的主要原料，特别是辣椒的传入使韩国泡菜产生巨大的变化，形成了自己独特的泡菜腌制风味和系列的泡菜菜肴制作工艺。进入寻常百姓家后，泡菜不仅仅是一道道小菜，更是一种力量、一种文化的体现，真正的韩国泡菜被称为"用母爱腌制出的亲情"，岁月愈久，味道愈浓，以至于韩国人把泡菜的好味道称之为"妈妈的味道"。也许正是出自对母亲的挚爱和感激之情，韩国人才把泡菜称作"孝子产品"。

追求中医理论、崇尚五行学说、讲究养生滋补的饮食文化也影响到韩国料理。据朝鲜时代医书《东医宝鉴》记载，食物与药物属同源，食物也具有药物性能，所以也可以通过饮食治疗疾病，并强调"身体健康的根本在于饮食，不懂合理饮食的人无法延长寿命"；《食疗纂要》这本书在序言中写道"人活在世上，最重要的为饮食，其次才是药物"，以此强调食疗的重要性。

世界上很少有国家或地区的人们像韩国人这样爱喝汤，五花八门、包罗万象的各种大酱汤、泡菜汤、牛骨汤、牛尾汤、人参鸡汤、海鲜汤、药材滋补汤，甚至粥都被韩国人赋予药膳的滋补养生功效；朝鲜宫廷料理还有个最重要的特色，崇尚五色宫廷文化，许多菜肴仅仅是席面摆设，是为排场和讲究而制作；并且注重礼仪，尊重长者、父母，在许多时候长者或是长辈，甚至前辈没有拿起筷子吃饭，晚辈都不能吃饭。

重要贡献：韩国料理饮食文化的形成，中医养生学说、宴会礼仪、泡菜文化、宫廷饮食文化形成和梳理。

5. 日本殖民时期

晚清时期，日本吞并韩国，实行殖民统治，传播日本文化。传统的韩国料理把日本料理融合、贯通、变化，最后在保留自己文化传统的基础上变革，形成带有日本料理风格的韩国料理。结合传统的韩国宫廷料理，在吸收日本料理烹饪手法的基础上，形成类似日本定食的韩国定食文化。韩定食是一种由数十种韩国传统美食组合而成的美食套餐。它是融入了宫廷传统美食的现代风味料理，也是与地方特色菜融合的独特口味美食。

重要贡献：吸收日本料理烹饪方法和手法，保留自己独特的定食饮食文化。

6. 现代韩国料理

现代的韩国料理在最大化保留传统饮食文化的基础上，致力于美食品牌的开发和推广，特别是借助文化交流的力量向世界传播韩国美食文化。作为亚洲美食国家代表之一，韩国的饮食文化历史显得单薄（只有500多年，其文字出现很晚），而且发展历史曲折（汉字文化影响和日本殖民压制文化发展）。新时期的韩国料理抓住文化立国战略的机遇，通过亚运会、奥运会向世界传播韩国美食，成效显著。在韩国政府和社会各界的共同推广和努力下，韩国料理正在以传统文化和现代韩流文化为基础，大力发展韩食饮食文化，希望尽快摆脱日本料理的影响。

介绍韩国饮食文化的许多电视剧的热播，带动了韩国旅游业的大发展，"韩流、韩食、韩服"的风潮，使全世界都了解韩国料理文化，"韩食"概念的推出，对于韩国定食、宫廷料理、现代融合料理的发展具有历史性的改变。

新韩国料理的流行离不开影视文化的韩流风，出现了新的韩国料理菜肴：韩式炸鸡、辛拉面、部队火锅、芝士排骨、韩国三明治等，甚至到韩国咖啡文化、韩国冰激凌文化的出现。

重要贡献：现代宫廷料理的推广、韩国泡菜走向世界、美食与文化的融合。

📖 **相关知识**

1. 韩国拉面

对于韩国拉面的流行，韩国人有两种说法。一个是从日本料理传入韩国的方便面制作技术发展，时任韩国总统的朴正熙为了缓解韩国大米不足的压力，提倡大米和面食共同作为主食，结果方便面很快成为韩国人喜爱的食品，名字修改为拉面。另一个说法是目前大家普遍比较接受的说法，1986年亚运会上韩国选手林春爱获得三枚金牌，结果媒体采访发现其家很穷，靠吃拉面为生，拉面带来的亚洲冠军激发了韩国人爱国的思想，很快拉面成为韩国人最喜爱的方便食品。区别于日本方便面，韩国人吃拉面都要用铜锅煮后，加入一些简单的食材后才食用，和方便面实际区别很大。

2. 辛拉面

1965年，朴正熙总统考虑到国内大米供不应求的情况，推出"混面粉奖励政策"，鼓励人们购买面食。这时日本日清拉面深受韩国人的喜爱，出现了三养食品的"火鸡面"，韩国政府也确定"辛"是韩国料理的主要味道，1975年伴随着"农心拉面""辛拉面"的出现，韩国人逐步喜欢上了拉面，1986、1988年韩国举行了两场体育盛会，全斗焕总统向全世界推广了韩国拉面文化。为了吃拉面，韩国人还专门生产了辛拉面专用小黄锅，而辛拉面的吃法也被研究出十几种花样。有数据显示2023年一季度，农心拉面销售额同比增长16.9%，达8604亿韩元，约合人民币44.8亿元。

三、韩国料理历史渊源

当今世界上每个民族的饮食文化都是独特的，都是在自然风土环境及民族历史文化土壤中孕育、发展而来的，同时又伴随着民族政治、经济、文化的发展而不断变化。朝鲜半岛人民在继承民族历史传统的基础上，依托本地自然条件，不断汲取中国饮食文化和世界饮食文化的各种元素，开拓、创造出独具特色的韩国料理饮食文化，其崇尚天然、注重食疗、融入多元化的饮食文化特征，在世界饮食文化中独树一帜。

朝鲜半岛因气候和风土适合发展农业，早在新石器时代之后就开始了杂粮的种植，进而普及了水稻的种植。此后，谷物成为韩国饮食文化的中心。

朝鲜半岛在三国时代后期形成了以饭、菜分主、副食的韩国固有家常饭菜，以后发展了饭、粥、糕饼、面条、饺子、片儿汤、酒等谷物饮食，这一过程在发展中又深受中国饮食文化的影响。直到现在，韩国料理中的许多调料都和中国菜一模一样，特别是对原料的烹调方法上如出一辙，比如豆腐、豆粉、酱油、香油、料酒、大料等。

在韩国的饮食文化发展中，还有个十分特殊的饮食习惯，就是药食同源。所谓药食同源：就是他们都相信药材和食物在日常生活中的饮食上可以是一个目的和源头。即食物除了填饱肚子还可以作为药材，而药材在医治疾病的时候也可以作为食物添加在菜肴里。在药食同源的饮食观念下，许多药材被广泛用于饮食的烹调上。代表菜肴有人参鸡汤、艾糕、沙参肉片、凉拌菜等。各种食物调料和香料在韩国也称为药引，他们一直认为葱、蒜、生姜、辣椒、香油、芝麻都有着药性，出现了各种药食和饮料，比如生姜茶、人参茶、木瓜茶、柚子茶、枸杞子茶、决明子茶等多种饮料。

北部山多，以种旱田为主，杂谷的生产量大。靠西海岸的中部地区以及南部地区以种水稻为主。因此北部地区以杂谷饭为主食，南部地区以米饭和大麦饭为主食。

现在的韩国人日常以米饭为主食，再配上几样菜肴，和中国人的饮食习惯基本相同，但是进餐形式要复杂一些。他们的主食主要是大米饭，还包括小米、大麦、大豆、小豆等杂粮做成的杂粮饭，副食主要是各种汤和酱汤、各种泡菜和酱菜类，还搭配有用各种肉类制作的菜肴、各种海鲜制作的菜肴、各种蔬菜制作的菜肴、各种海藻制作的菜肴。这种吃法不仅能均匀摄取各种食物的营养，也能达到均衡营养的目的。

在朝鲜半岛的北面，人们生活在两边环海、以山岳地形为主的环境中，通过渔猎、采集和农耕生活，他们积累了丰富的生产生活经验，并基于地缘特点，养成了喜好"山珍"的饮食习惯。通常说他们崇尚天然饮食习惯，主要表现在饮食中的原料取材天然。大山上的各种野生植物，沙参、桔梗、蕨菜、山芹菜、刺嫩芽、松茸、小根蒜等山野菜，都是朝鲜人喜爱的山珍。因为喜欢素食、好清淡，朝鲜族在山野菜和日常蔬菜的食用上，往往制成各种拌菜、蘸酱菜等生食，或以之包饭、拌饭，从而更多地保留了食物的天然滋味；即使是制成泡菜，也因其特殊的腌制方法而保持了蔬菜的鲜艳色泽和脆嫩质地，味道更是清香适口。虽然辣味十足，但是味醇少盐，已成为深受世人喜爱的佐餐食品。

在朝鲜半岛的南面，人们生活在三面临海、以平原地形为主的环境中，养成了喜好"海味"的饮食习惯。韩国饮食风格介于中国和日本之间，多数人用餐使用筷子，特别喜欢各种海鲜，还喜欢各种汤菜拌饭、火锅、汤面、冷面、生鱼片、生牛肉、什锦拌饭等。通常说他们崇尚味道天然的饮食习惯，主要表现为主食以米饭为主，但是煮制米饭的石锅很特别，制作出来的米饭颗粒松软晶莹，味道醇香自然，堪称米饭一绝。菜肴和汤一起食用，几乎每餐都有汤。汤的种类繁多有冷汤、热汤、蔬菜汤、牛肉汤、参鸡汤等，为保证味道天然，制作的时候这些汤菜基本不放辛香料，而是到要食用的时候再添加各种酱料、盐、葱等来调味，从而保持了肉的天然滋味。韩国料理中，节日食物中的各种糕饼种类繁多，主要由大米、糯米制成，虽然制作方法各不相同，但绝无多油多糖的油炸、烘烤类，最常吃的有打糕、散状糕、发糕、凉糕、米饼、松饼等，这些糕饼的辅料种类少、不兑油，味道天然纯粹，其代表打糕就是以天然浓郁的糯米醇香、滑润的劲韧口感而深受人们喜爱。

第二节　韩国料理烹饪方法和饮食特点

一、韩国料理的流派

从韩国料理的饮食文化到历史渊源都可以看到韩国料理的形成过程中只有一个主线——传统宫廷料理以及现代文化传播中出现的新式韩国料理菜肴。究其原因就是"二战"后的历史影响，韩国料理一直处于不断的发展、融合和创造中，造成现在没有独立的、有代表性的流派形成。

按照韩国旅游文化观光局的说法：以严格的规则、烹饪出"朝鲜王朝宫廷料理"是指定的重要非物质文化财产。宫廷料理由曾侍奉朝鲜王朝最后两位君王——高宗和纯宗时代的韩顺熙厨房尚宫传授给黄慧性先生，目前被第三代传承人韩福丽和郑吉子两位师傅所继承下来，并且指定了七家特色餐厅代表韩国料理传统宫廷料理和韩定食文化的推广餐厅。因此，韩国料理烹饪方法和饮食特点主要按照朝鲜半岛的地域和烹饪特色，以及物产来学习韩国料理的主要流派。

目前分为：京畿道流派、平安道流派、庆尚道流派、济州岛流派。

1. 京畿道流派

京畿道位于朝鲜半岛的中部地区，以山地为主，主要城市是首尔、水源、仁川等。京畿道是古老的朝鲜八道，是朝鲜王朝王宫所在地。传统的韩国宫廷料理的发源地，也是韩定食的发源地。当今现代韩流饮食文化的诞生地，许多流行的韩国料理菜肴都是在这一地区出现的。

该地区虽然很少产各种蔬菜，但是因为历来是朝鲜半岛的主要经济、文化和政治中心，全国各地的各种蔬菜都集中到这里，因此这里的料理厨师能做许多奢侈、美味的食物，临近城市有开城、全州等。

京畿道流派菜肴讲究微辣、微咸、口味轻淡、制作奢华、讲究排场、重视礼仪。京畿道也是人参产地，人参在菜肴制作中被崇尚药食同源的韩国人广泛地使用。特别是在当前京畿道流派，由于它比较完整地保留了古朝鲜的饮食文化风格和菜肴制作的奢侈华丽，特别受韩国人民的青睐。

水原城是著名的旅游景点，水原城内的华城行宫，华美壮观的规模仅次于首尔的景福宫，有韩国最美的行宫之称，人气韩剧《大长今》《王的男人》等剧都曾在此取景（图3.1）。朝鲜时期，水原形成了一个牛肉市场，全国的商人云集此地，从此水原出现了很多烤肉餐厅，水原牛肉也因此扬名，现在大家说所的韩牛指的就是这里的牛肉（图3.2）。

图 3.1　水原城　　　　　　　　图 3.2　韩国水原烤牛肉

2. 平安道流派

平安道是朝鲜半岛最北的流派，地理位置上最靠近中国，也是韩国料理目前的代表地区，该地区多山地、高原，冬季寒冷，盛产各种药材、野菜、野味等。平安道接壤中国边境地区，两国的经济、文化交流频繁，平安道是古老的朝鲜八道，它特殊的地理位置决定了菜肴的风格特色，很多菜肴和中国菜相同、相近。

韩国人历来崇尚药食同源，各种药材在不同的季节、不同的菜肴里广泛使用，比如人参鸡、大麦茶、艾糕、枣糕、冷面等都是这个地区的特色菜肴。

在高丽时代平安道就开始广泛种植人参，传入中原。受到中国古代帝王的推崇，因而得名高丽参。朝鲜半岛出产的人参可分为水参、太极参、白参及高丽参（红参）。有个奇怪现象，人参产自长白山脉，但是几乎所有人都认为只有靠近朝鲜地区产的人参才是正宗的高丽人参，原来真正的高丽参是选用生长了6年的人参进行炮制的，分白参和红参两种，但是通常指的高丽参是指红参（图3.3）。

高丽人参鸡和中国传统的人参炖鸡区别很大，是韩国料理的精华，是在吸收人参药效的情况下，滋补人的身体，并且是一款菜肴，具有吃饱、吃好的基本作用。炖鸡的时候鸡肚子里面填入糯米、红枣、黄芪等原料，吃的时候古时候人们喜爱鸡肉和糯米饭一起食用，反而不像中餐注重汤的味道，熬煮后带有糯米米汤的风味（图3.4）。

图 3.3　高丽人参　　　　　　　图 3.4　高丽人参鸡

3. 庆尚道流派

庆尚道是韩国最南端，靠近日本，这一地区有韩国的主要平原，也是蔬菜的重要产区。平原地区的大白菜、海边沙地的白萝卜都非常著名。庆尚道流派口味较咸，特别是在韩国泡菜的制作上体现得淋漓尽致。制作同样的白菜泡菜，庆尚道流派会根据使用的酱料和发酵程度的不同，把泡菜的口味调制的又辣又咸。但是这样做出来的韩国泡菜深受世界各地人们的喜爱，基本上说韩国泡菜都是指庆尚道流派制作的地道的韩国泡菜。

庆尚道流派地区还盛产海鲜和小麦，在洛东江周围肥沃的土地上，更是盛产足够的农产品。在这一地区吃海鲜菜肴分量大、朴实、天然、美味，人们还喜欢把海鱼用盐调味晒干后煎着吃，或用海鲜炖汤。他们还喜欢吃面食，最爱把面和生豆粉混在一起和面后用刀切成丝的刀切面，再放上各种海鲜做的作料。庆尚道在南海和东海都有优良的渔场，海产丰富。穿过庆尚南北道的洛东江带来了丰沛的水量，使周边形成了丰腴的农地，农作物也种类繁多。味道偏重、辣，但是朴实而可口。不太讲究菜肴的外观，不太华丽。有些菜肴放入藿香和山椒，享受其香味。

庆尚道流派地区历史上深受倭寇侵袭，但也是接触日本料理文化最多的地区，许多韩国的青年人喜欢日本料理生食文化，逐步发展成韩国的刺身和寿司料理。韩国料理的刺身同日本料理的刺身非常容易区分。日本料理刺身都是在木盘中摆放，垫白萝卜丝（图3.5），而韩国料理的刺身大多放在碎冰上面，有的四周还放干冰，产生烟雾缭绕的感觉（图3.6）；日本的寿司世界有名，价格昂贵，而韩国料理吸收后改变为紫菜包饭卷，把它作为便当食物。

图 3.5 日本刺身   图 3.6 韩国刺身

4. 济州岛流派

济州岛地区划分在流派里面，主要是因为济州岛在当今成为韩国的主要旅游地。济州岛是韩国古时候的犯人流放地，因为偏远所以发展缓慢，如今却成为经济发展后海洋和环境保护最好的地区，成为很多人都喜爱的旅游胜地。

济州岛是韩国最南端的岛屿，气候温暖，近海能捕捉到的鱼类、贝类种类繁多；山村居民开山耕种稻田或者到汉拿山上采集蘑菇、野菜和蕨菜等。粮食作物主要有大豆、大麦、小米和红薯等，橘子、鲍鱼和马肉是最有名的特产，大量旅游者的出现带动了当地餐饮行业的发展和菜肴制作水平的提升，目前已经自成一派。

济州岛的自然环境使这里的饮食别具特色，济州岛流派的美食大多体现在四面环海的岛屿盛产各种海鲜上。韩国人也十分喜爱各种生吃的鱼类食物，济州岛流派最让人叫绝的是和日本料理的刺身同源的韩式刺身。不过韩国人除了生吃各种鱼类外，大闸蟹、牡蛎、马肉等也是以生吃为美，最著名的是马肉刺身。

　　济州岛流派烹制菜肴时，大多采用传统的制作方法，尽可能地保留食物天然的味道，料理厨师完美的色彩搭配使菜肴完全就是一种味觉和视觉的享受。济州岛居民勤俭朴素，他们的这种性格如实地反映到其饮食中。当地的饮食菜量不多，作料放得少，味偏咸。济州岛自古以来是鲍鱼的产地，吃生鲍鱼片，也用鲍鱼来煮粥。

二、韩国人的饮食结构

　　韩国饮食结构传承于朝鲜宫廷料理，饮食讲究礼仪，注重排场，一般来说韩定食就是现在的韩国人的饮食结构。只是由于档次和规模有所不同，菜肴的种类会减少或增加。

　　韩国料理重要特色之一是单品菜肴比较突出。新生的韩式料理突出单品菜肴，因此饮食结构比较简单，但是韩国料理的精华——泡菜，始终贯穿于繁复的宫廷料理或是简单的单品菜肴饮食中。

1. 韩定食

　　韩定食就是传统的"韩式宫廷料理"，现在也有人称之为"韩国传统套餐"，它沿袭了朝鲜时代宫廷菜肴的传统风味，特别讲究排场，一般由前菜、主食、副食、饭后点心等组成；吃的时候先把各式小菜摆满桌面，有3碟、5碟、7碟、9碟、12碟的不同格式（图3.7）。

图3.7　韩定食

　　朝鲜时期的宫廷料理中可以说得上代表了传统饮食的最高水平，因为那时朝鲜的宫廷料理有最优秀的厨师并且可以使用各地优质贡品原料来制作菜肴，结合蒸、烤、烫、拌等各种烹调方法，选材料、调味、配色花样繁多。其中传统的如"九折板"，以及加放肉类、鱼类、蔬菜、蘑菇炖煮的火锅"神仙炉"。

　　传统的韩定食包括：干果类、九折板、蜂蜜人参、各种小菜、粥、凉菜、煎油饼、烤物、神仙炉、蒸物、烤物、煮物、烧烤类、米饭和汤、甜点等15种。以下是每道菜肴的简单介绍。

　　（1）干果类　可以是各种坚果、干果、蜜饯类等，起着饭前增加食欲的作用。在正式料理出来以前消遣用，也可当作下酒菜。

　　（2）九折板　韩国宫廷式九折板的正中央放的是薄薄的煎饼，煎饼周围是八种颜色的蔬菜丝以及蘸酱。吃的时候先在煎饼里包上八种蔬菜丝，包好后，蘸备好的蘸酱即可。

　　（3）蜂蜜人参　鲜人参切成薄片即可装盘配蜂蜜。吃的时候将切好的人参蘸着蜂蜜吃即可（注意，是六年以上的鲜人参）。

（4）各种小菜　韩定食餐桌上常见的有6~10种小菜或泡菜。要注意这些不是主要料理，只是辅助菜而已，有开胃的作用。

（5）粥　韩定食传统的粥的品种很多，和中国不同的是，韩国料理的粥大多是各种杂粮和蔬菜粥，常见的是南瓜粥。

（6）凉菜　韩定食的冷菜，一般先按季节把蔬菜切得细细的，再放上海鲜、肉类或水果，摆放的时候要整齐、色彩搭配要艳丽，最后倒入调味汁。

（7）煎饼　韩国的一种用肉类或海鲜加上切得细细的蔬菜等，再用面粉和鸡蛋、水搅拌后放一起煎的饼，可以直接吃，或蘸酱汁吃。

（8）神仙炉　类似小火锅或是中国北方的涮羊肉锅，放上高汤和各种颜色的蔬菜和主料。

（9）烤物　如烤鳗鱼，去掉鳗鱼刺，在鳗鱼上均匀涂上用胡椒粉、砂糖、蒜、姜等材料调制的调味汁，放在炭火上烧烤。

（10）蒸物　如蒸牛尾，至少要蒸4小时以上，搭配上胡萝卜、栗子、枣、蘑菇、辣椒等。

（11）烤物　如烤大虾，把大虾洗干净后烤，还可以放其他色彩亮丽的菜。

（12）煮物　如煮鲍鱼，把鲜鲍鱼清洗干净后，放在清汤里煮熟，搭配上基础药材即可。

（13）烧烤类　如烧烤排骨，牛或猪的排骨用葱泥、蒜泥、姜、砂糖、香油、胡椒等调味后，放在炭火上烤，边烤边吃。

（14）米饭和汤　韩定食里米饭和汤是一起放的，吃米饭的时候不可缺少汤。一般是石锅里放上很多水，里面加蔬菜、肉类、鲜鱼类等煮。汤里常用的调料是酱油、黄豆酱、辣椒酱。米饭和汤做好以后，可以搭配各种小菜以及吃剩下的各种主料理吃。

（15）甜点　一般是著名的五颜六色的韩式打糕，还包括酒酿和水果。酒酿比较甜，是韩国传统饮料之一。

📖 相关知识

伴餐文化

伴餐，韩语是반찬，是"菜肴可以搭配在一起吃的各种食物"的统称。一般由蔬菜、肉或鱼等做成，种类很多。韩国料理除了主要的菜肴以外，还有许多小的碟子、盘子，里面有些小菜或是泡菜之类的，这些在韩国料理里称为伴餐。韩国人遵循的理念是一切食材都可以作为伴餐，他们不会每次都把蔬菜单独做成一道菜，把蔬菜大量买回来之后简单地煮或炒做成伴餐储存起来，当然也会做成腌菜、泡菜、拌菜之类的，吃的时候拿出来，每样一点点，伴随主要的菜肴食用。是韩定食里面菜肴的种类不多，可是伴餐的小菜可以多达十几种。

2. 石锅拌饭

韩国料理的另一个特殊菜肴类型是石锅拌饭。制作石锅拌饭的石锅是陶瓷或大理石做的，厚重的陶锅可以直接拿到火上烹煮。目前有两种不同的烹调方法：一种是将所有的原料和大米放入石锅内摆放好，再将石锅拿到炉具上烤，烤到锅底有薄薄的一层锅巴就算大功告成；另一种则是事先将石锅烧烤至滚烫再放入米饭及菜肴。上桌后，再加入韩国辣椒酱，用韩国的那种柄长铁汤匙将饭、菜、酱料全部搅拌均匀。搅拌的时候，石锅会发出"嗞嗞"的声响，饭、菜、酱料的味道也会随着热腾腾的蒸汽飘散开来。品味时，特殊的锅巴香伴随着温和的辣味与淡淡的甜味在口中释放，口感与风味都是很好的，而且由于石锅陶器的特点，用它制作的菜肴保温效果很好，不用担心饭菜冷掉。

石锅拌饭的制作方法最早出现在韩国光州、全州，后来演变为韩国的代表性食物。光州、全州的石锅拌饭之所以闻名遐迩，是因为该地区曾经在朝鲜时代把石锅菜肴作为向中国进贡的菜肴。

石锅拌饭与泡菜一同被列为韩国代表料理。拌饭营养丰富、热量不高。拌饭里蕴涵着"五行五脏五色"的原理。菠菜、芹菜、小南瓜、黄瓜、银杏等五行属木，利于肝脏。生牛肉片、辣椒酱、红萝卜五行属火，利于心脏。凉粉、蛋黄、核桃、松子等黄色食品五行属土，利于脾脏。萝卜、黄豆芽、栗子、蛋白是白色食品，五行属金，利于肺脏。最后，桔梗、海带、香菇等五行属水，这些黑色食品利于肾脏。

加入了多种多样的材料，营养成分均衡的石锅拌饭，很大程度上体现了韩国饮食的固有特色。吃拌饭的时候，饭和各种材料搅拌得是否均匀也决定着拌饭的味道是否美味。有经验的人总是肯花费时间用筷子将辣椒酱、香油等调料同各种蔬菜以及米饭均匀地搅拌，不留一点不均匀的地方，因为只有这样才能吃出拌饭的全部味道（图3.8）。

图 3.8　石锅拌饭

📖 相关知识

日月的传说

韩国料理里面经常会出现熟鸡蛋或是生蛋黄做的菜肴，这和韩医文化里面的阴阳对应。韩国料理常常讲到阴阳调和和日月相生相克的力量，甚至认为菜肴里面加入的蛋黄就是太阳、半个蛋白就是月亮，不论冷面、石锅拌饭、拉面都应该放入象征太阳的蛋黄和象征月亮的蛋白，调和阴阳，这和韩国料理的药食同源思想是一致的。

3. 韩国烤肉

韩国烧烤即指韩国烤肉，传说最早来自蒙古的烤肉。当时蒙古士兵外出征战，并没有携带专用炊具，就用金属制的盾牌烤熟肉类。而据说远古时候的朝鲜人就是蒙古人的后裔，所以现在的韩国料理所使用的烧烤肉盘和盾牌的形状相似。韩国烧烤在韩国人的餐饮中占据了非常重要的地位，是韩国餐饮文化的重要组成部分。

韩国烧烤严格讲应算一种"煎肉"，当今餐饮行业基本都是用电磁灶或厚铁锅，客人自己先在上面刷薄薄的一层油，然后再把牛排、牛舌、牛腰及海鲜、生鱼片等放在上面烤制，地道的吃法，会把肉类用卷心菜或生菜叶包起来吃，里面再加入面豉酱或蒜头。韩国烧烤主要以牛肉为主，海鲜、生鱼片等也是韩国烧烤的美味，尤以烤牛里脊和烤牛排最有名。其肉质鲜美爽嫩，让每一个品尝过的人都会津津乐道。韩国烧烤可以用"完善"和"精致"两个词来形容。其口味独特、配餐完善、吃法别致，已经形成了一套完整的制作和食用方法（图3.9）。

韩国烧烤目前在中国十分流行，中国各地都有很多的韩国烧烤料理店。这主要是由于韩国烧烤在口味、形式、内涵上都符合中国人的传统饮食习惯。首先，韩国烧烤非常符合中国人的口味习惯，韩国烧烤的特点是酸、甜、辣，蘸酱汁的口味丰富，这和川菜、湘菜辣的饮食习惯是一致的，符合中国人传统的口味习惯。其次，韩国烤肉先腌渍后烤，肉是薄片状，味道细腻鲜嫩。这和中国人吃肉讲究口感鲜嫩，菜要入味的习惯是符合的。再次，韩国烧烤符合中国人聚餐的习惯。中国人享受美食的时候，更是增进感情，阖家欢乐的大好机会，聚餐是中国千年餐饮的传统，火锅便是中国餐饮文化的典型代表。

图3.9　韩国烤肉

4. 韩国泡菜

韩国料理泡菜被称作料理国粹。泡菜是韩国人最主要的菜肴之一，韩国人每餐必吃泡菜，无泡菜不成餐。无论在繁华的城市还是偏远的乡村，在居民的住宅院落或阳台，大大小小的泡菜坛数不胜数。在韩国用餐时，首先上的就是各种泡菜。韩国泡菜代表着韩国烹调文化，制作泡菜已有3000多年的历史，相传是从我国传入韩国的。由于韩国所处地理位置冬季寒冷、漫长，不长果蔬，所以韩国人用盐来腌制蔬菜以备过冬。到了16世纪，辣椒传进韩国并被广泛用于腌制泡菜。韩国泡菜不但味美、爽口，酸辣中另有一种回味，而且具有丰富的营养，主要成分为乳酸菌，还含有丰富的维生素、钙、磷等无机物和矿物质以及人体所需的十余种氨基酸。其实称之为"泡菜"是不正确的说法，真正的泡菜是中国烹调里用盐水泡制菜肴的意思，而韩国泡菜是一种以蔬菜为主要原料，各种水果、海鲜及肉料为配料和盐腌制后的发酵食品，其实称韩国腌菜比较确切。

韩国泡菜作为韩国固有的发酵食品，是韩国人餐桌上不可缺少的菜肴。将泡菜的主要原料白菜用盐浸透，加入各种调料（辣椒粉、大蒜、生姜、葱、萝卜等），再融入虾酱。在低温环境中发酵，泡菜在成熟过程中会产生大量的乳酸菌，其可以抑制肠胃中的有害病菌。最为熟知的泡菜是用红辣椒为材料制作的辣白菜，但实际上泡菜的种类多达数十种。另外，还有利用泡菜制作的泡菜汤、泡菜饼、泡菜炒饭等许多韩国料理。

韩国泡菜种类很多，按季节可分为春季的萝卜泡菜、白菜泡菜；夏季的黄瓜泡菜、小萝卜泡菜；秋季的辣白菜、泡萝卜块儿；冬季的各种泡菜。泡菜的发酵程度、所使用的原料、容器及天气、手艺的不同，制作出泡菜的味道和香味及其营养也各不相同。在韩国，每个家庭都有其独特的制作方法和味道（图3.10）。

图3.10　韩国泡菜

三、韩国料理的特点

韩国料理的特点主要表现为色彩艳丽、营养健康、香辣可口、口味丰富。

1. 色彩艳丽

菜肴色泽搭配上讲究绿、白、红、黄、黑五色，赏心悦目。不论是韩国菜肴里的各种烤肉、泡菜还是糕点，五颜六色的视觉效果是韩国料理的最大特点。一方面努力保持原材料的本色，另一方面又通过烹调来展现原材料的不同形态。韩国人烹饪时，讲究保持食材本身的风味，分为"甜、酸、苦、辣、咸"五味，并添加一些调味品使其更加美味，而一道菜至少选用5种调味品，五色、五味并存才是韩国菜的基本特色。

2. 营养健康

韩国料理特别讲究药食同源，注重菜肴的营养搭配和烹调原料的食疗效果。韩国料理菜肴选材天然，烹调的时候尽量采用不破坏营养成分的方式、方法来加工制作菜肴，菜肴制作中大量使用各种药材和食物搭配。韩国人历来相信很多病可以通过饮食防治。不同的食材有不同的营养价值，在多种颜色、口味食材搭配时，也保证可以摄入不同的营养成分，从而从饮食上更加营养健康。

3. 香辣可口

韩国料理菜肴通常是入口香辣、醇香、微甜，但是后劲十足的辣味会让你感觉到辣得酣畅淋漓。吃韩国料理通常会感到菜肴大多比较辣、微带甜味，其实韩国料理的辣和世界其他地区的辣味区别很大。比如四川人吃辣是麻辣鲜香，突出麻辣；湖南人吃辣是火辣干燥，突出干燥；墨西哥人吃辣是火爆的特辣，突出特辣口味；而韩国人吃辣是比较温和的和后劲十足的。韩国人喜欢吃的辣椒不是很辣，调味成带有微甜味和少许酸味，比较温和，等菜肴吃得差不多的时候你才会感觉很辣，却又十分爽快。

4. 菜肴口味丰富

韩国料理讲究口味上酸、辣、甜、苦、咸五味并列，口味丰富。韩国人在制作菜肴时一般要讲究高蛋白、多蔬菜、口感清淡、少油腻，味觉以凉辣为主。

📄 相关知识

韩国大酱

大酱已经成了韩国人生活中离不开的食物。早晨来碗大酱汤，中午吃大酱拌饭或大酱火锅，晚上吃大酱年糕，韩国人最爱吃的烤肉也用大酱腌制，用大酱做成的佳肴已经渗透日常生活的方方面面。大酱代表的韩国饮食文化具有悠久的历史。在古代，人们认为做大酱是一件非常神圣的事情，所以做大酱的妇人从三天前就回避一切有伤大雅的事情，并且要在做大酱当天沐浴斋戒。以前，贵族人家在娶长媳时，首要条件就是看她做酱的手艺，掌握这个手艺得学习三十六种做酱秘诀。此外，大酱的半成品——酱饼，不仅曾是国王迎娶王妃时赠送的贺礼之一，还曾是朝廷救助灾民的救济食品。

韩国人也喜欢使用味道比较强烈的香料。几乎每道菜中都会使用辣椒、大蒜、生姜、芥菜、葱等香料，这些调料不仅可以增加人们的食欲，也可以提高食物的储藏时限。虽然

> 过于刺激性的香料会刺激消化器官，但是六七种不同的香料混合在一起还会演绎出一种特殊的味道。

四、韩国料理的烹饪方法

韩国是个四季分明的国家，每个季节都有产出的蔬菜，品种非常丰富。而且处在半岛上，三面环海，也有丰富的海产品。为了将这些鱼类、贝类更长久地保存，韩国人会将其加工成各种酱料，用作凉菜的佐料。韩国料理通常以蔬菜为主料，再加入各种调味品制成。韩国菜制作方法中最常用的是拌，青菜或泡菜等都是拌好后食用的，其次是蒸、煎、熬（炖）、烤、包卷。

米饭是韩国人的主食，但韩国人并不仅仅只吃米饭，为了能够摄取更多的碳水化合物，他们也会吃各种杂粮。做饭时一般使用铁锅先煮后焖，而烹饪从国外引入的白薯、红薯和玉米等根茎类食物时主要使用铁锅蒸熟。因此可以很明确地说，铁锅在韩国烹饪主食时是不可或缺的器皿。

汤是指加入蔬菜、鱼和肉后倒入大量的水煮熟，并使用酱油和盐来调味的一种饮食。清酱汤、牛骨汤、牛杂碎汤、排骨汤、醒酒汤、海带汤、泥鳅汤、年糕汤、饺子汤、牛肉汤、明太鱼汤等，都是韩国人喜欢的汤类。

无论从表面样式还是烹饪方法来看，炖锅和汤都很相似，不同之处只是在于炖锅时是在少量的水中放入肉、蔬菜或者鱼类、蛤蜊等，再配以酱油、大酱、辣椒酱、虾酱等煮成。韩国人喜欢喝炖鱼锅、炖豆腐锅、炖泡菜锅、辣椒酱锅、大酱汤等。很多韩国人觉得，只有在餐桌上摆上汤、羹或炖锅，才能算是完整的一桌饭菜。

饭、汤和菜是构成韩国人日常饮食的三大要素，并且形成了自己独特鲜明的用餐方式：韩国人用餐通常是一勺汤，一勺饭，然后用筷子夹菜，最后一起食用。

1. 拌

拌是韩国人吃蔬菜常见的一种烹饪方法，没有哪个国家的人像韩国人这么喜欢拌蔬菜（体现在韩国料理的伴餐小菜和泡菜上）。

韩国人喜欢吃拌菜，其主要原因是古时候冬天蔬菜无法生长，为了度过漫长的冬季，便将蔬菜用盐腌制或风干后，再拌以各种作料，放于阴凉处来保持蔬菜的新鲜。拌菜不仅使用蔬菜，也使用草、树叶、树根等任何能够食用的植物。制作拌菜的方法有很多，如将黄豆芽、绿豆芽或芹菜等在煮沸的水中稍微焯一下之后再加作料或炒或拌。此外，在阴凉处风干后放置的蕨菜、野菜、干萝卜缨、茄子之类的蔬菜，也可以先在水中浸泡，然后在滚水中煮熟后加作料拌匀。拌菜时放入的作料，主要有酱油、芝麻盐、香油以及切碎的葱和蒜。与西方的沙拉不同的是，拌菜只使用一种主材料和多种作料使其出味。区别于其他地区，韩国人喜爱拌蔬菜的另外一个重要原因是韩国料理讲究排场，喜欢把所有的菜肴一起摆放上餐桌再食用，这样许多菜肴会冷掉，逐步形成了拌菜这一重要烹饪方式（图3.11）。

2. 蒸

蒸是将材料放入笼屉中利用水蒸气使其变熟的烹饪方法。

韩国大部分的打糕都是用这种方法制作而成。蒸食物时使用历史最久的工具就是笼屉。

从营养学的角度来说，蒸是非常有营养的烹饪方法，能够保持食物的原汁原味，更好地保留

图 3.11 伴餐小菜和拌菜

食材的营养价值。日本料理在现代社会，已然接受西方的许多烹饪方法，比如油炸、烤制、煎制牛肉，韩国料理对传统的烹饪方法已然保持自己习俗，大多数时候采用最东方式的烹饪方法：蒸。

3. 煎

煎是在扁圆状的铁盘——饼铛或者煎锅（平底锅）中放入食用油后将食材煎熟的烹饪方法。

春节或是中秋节祭祀时使用的鲜鱼煎饼，就是将蛋黄打好之后刷在食材上煎熟而成的。还有一种食物是用小麦面和成面团，在里面放入打好的蛋黄，将食材切成细丝放入其中做成圆形后煎熟而成，这种食物又名"圆煎饼"，也称煎饼或饼。如绿豆煎饼、葱饼、泡菜煎饼以及鲜鱼煎饼、煎豆腐、辣椒煎饼、花煎饼等，都是利用这种方法煎制而成的食物。这类食物主要用于准备筵席的时候，现在这种传统的煎锅被现代烹饪器具替代，但是韩式煎饼依然十分流行。特别是"二战"后期，吸收美国比萨的烹饪方式，发展变化出具有韩国料理特色的各种煎饼，这种符合东方人的饮食习惯的食品进入中国后，受到许多老年消费者的喜欢（图3.12）。

图 3.12 韩国煎饼

4. 炖

炖是指在鲜鱼、肉或是豆腐上倒入很浓的调味酱后，放在小火上长时间烧煮的烹饪方法。

用这种方法做成的食物一般被称为炖菜，主要有用牛肉做成的酱牛肉，用鲜鱼做成的炖青花鱼、炖辣带鱼、炖秋刀鱼等。将萝卜与主材料放在一起炖的话，萝卜会很美味，也有只使用萝卜一种材料做成的炖萝卜。日本殖民时期，在引入日本烹饪方法的同时，炖制而成的韩国食物也增加了不少。究其原因都是经济贫乏，不能使用大量的油脂炸制食物，才形成最基本的烹饪方式——一锅乱炖，特别是近年来比较流行的韩国部队锅，就是食物短缺的年代的产物（图3.13）。

图 3.13　韩国泡菜炖汤锅

5. 烤

炖是将肉、鱼或其他食物直接放在火上进行烧制的烹饪方法。

一般可分为三种，第一种是在食材上放上酱油、油、蒜、葱等调味品烤制而成的调味烤肉；第二种是撒上盐烤制而成"盐烤肉"；第三种是不放任何调料的原味烤肉。在人类学会用火烤食以后，这种方法就在全世界流行开来。烤肉时很多是在火上支起烤架后烤制。烤肉、宫廷烤牛肉、牛肉饼、烤沙参、烤五花肉、烤鱼等都是烤制而成的食物。20世纪90年代以后，由于立式灶台的引入以及城市煤气使用的普及，烤制而成的食物不仅成为家庭的特别饮食，也成为餐厅外卖菜肴的一部分。当今韩国人喜爱烤肉的程度非常高，到处可以看到烤肉店，牛肉、猪肉、海鲜、蔬菜等都可以是单独的烧烤店食材，配上韩国烧酒、米酒更是一绝。夜晚的街头小吃摊，也是各种烤物都有（图3.14和图3.15）。

图 3.14　韩国夜宵　　　　　　　　　　　图 3.15　烧烤摊

6. 包卷

紫菜包饭是一道十分常见的韩国料理，源于日本寿司饭团，是韩国料理融合日本寿司的产物。韩国美食界的官方称呼为"朝鲜式紫菜包饭"。常见的做法是用紫菜将煮熟的米饭与蔬菜、肉类等包卷起来。紫菜包饭成为现代韩国人的午餐选择之一，主要是快捷方便、万物皆可"包"。虽然是最简单的食物，可是营养价值和味道却很丰富，适合快节奏的生活工作环境，并且价格非常便宜，经济实惠（图3.16）。

图 3.16　韩国便利店的紫菜包饭

📖　相关知识

韩国的辣椒加工品

　　在韩国，辣椒除了可以做成辣椒酱调味以外，还有许多食品是用辣椒粉来制作完成的。韩国辣椒粉色彩较中国产品红艳，根据其颗粒的大小，分成粗辣椒粉、中辣椒粉、细辣椒粉，而根据其辣味程度又可以分成辣味、微辣味、中辣味和醇和味。粗辣椒粉用于制作泡菜，微辣味和中辣味辣椒粉用于做泡菜和做调味酱，细辣椒粉适合做辣椒酱或生拌菜等食品。韩国辣椒色泽红润辣度温和，微微有点回甜。

第三节　韩国料理厨房结构

一、韩国料理厨房结构

　　厨房结构一般大同小异，由于各个国家或地区菜肴的烹调方法、特色的区别以及不同的风俗习惯，只是在一些细节上设置有一些变换，但是不论其如何变换，都是以满足餐厅经营和运作方便为目的。

　　韩国料理厨房结构根据菜肴制作的种类和烹调方法来分类，一般设置为：韩定食制作厨房、泡菜制作厨房、石锅制作厨房、烤肉制作厨房、药材保存间等。

1. 韩定食制作厨房

　　韩定食制作厨房结构里必须包括韩国料理的各个烹调部门和制作间，目的是更好地完成定食里的干果类、九折板类、小菜类、粥类、凉菜类、煎油饼类、烤物类、神仙炉类、蒸物类、煮物类、烧烤类、米饭类和汤类、甜点类等菜肴的制作。可以说一个韩定食制作厨房就是韩国料理的各个烹调方法和菜肴制作方法的汇总，是韩国厨师的精华汇聚之地。

2. 泡菜制作厨房

　　泡菜制作厨房结构十分简单，通常就是由原材料初加工的工具、简单的腌制工具和器具、保存器具、冰箱等组成，但是它在韩国料理各种厨房中的作用是巨大的，毕竟韩国人每餐必不可少的就是泡菜。其他各种厨房制作的菜肴中都会使用到泡菜厨房制作的各类泡菜来烹调菜肴，因此泡菜制作厨房制作的泡菜也是其他厨房菜肴制作质量好坏的关键。

3. 石锅制作厨房

石锅制作厨房主要是烹调石锅米饭。简单的煮制米饭很容易，但是如何煮制好石锅米饭和保持米饭的鲜美口味是石锅制作厨房厨师的技巧。每个石锅都是在单独火眼上煮制米饭，如何控制火候大小来突出米饭底下的锅巴的硬度、脆度和成熟时间，满足顾客在不同时间上的需求是对石锅制作厨房厨师的能力考验。

4. 烤肉制作厨房

烤肉制作厨房结构简单，但是各种原材料种类繁多，调味品品种多样，管理难度较大，特别是各种原料的加工、使用、保存等问题。烤肉制作厨房要满足制作各种烧、烤类菜肴的初加工、腌制、摆盘等工作，还要负责调味碟的调制。

5. 药材保存间

药材保存间主要是为管理、保存好各种珍贵的药材设置的。韩国料理制作中使用的各种大量名贵的药材必须有专门的保管地方，避免丢失和胡乱使用。

二、韩国料理厨房的厨师结构

韩国料理厨师的结构也和其他地区或国家菜肴体系一样，每个工种的厨师负责自己部门的菜肴制作和卫生管理等工作。由于韩国料理的烹调特色还设立了一些特殊的岗位厨师来完成烹调工作，例如以下几个厨师结构：

韩定食料理师：必须能单独完成韩定食的各种类型的全部菜肴的制作和设计，并且有能力选用各种食材和管理好各种食材。

泡菜制作师：必须能制作各种类型的泡菜，并且有能力管理好各种泡菜的保存和使用。

烤肉师：必须能精确地把握好各种肉类的腌制和加工、分割方法，有调制多款烤肉调味汁的能力，还要有能根据不同季节来调和口味和区别使用原料的能力。

📖 相关知识

韩国的膳食礼节

（1）同桌进餐时，要按照长幼次序安排主次座位，长辈动筷吃饭后，小辈才能够开始吃。吃饭的过程中，要配合长辈吃饭的速度，小辈不能先于长辈吃完。

（2）吃饭时，筷子和勺子不能同时拿在手中，吃有饭和汤的菜时，要用勺子吃。

（3）自己使用的餐具在夹菜或吃饭时，不要在菜肴里翻来翻去。

（4）吃饭的过程中，骨头、鱼刺等垃圾，不要扔在桌子上以免弄脏饭桌，为了不让旁边的人看见，要安静地用纸包起来扔掉。

（5）很多人一起吃的菜肴，要用小盘子分装给每个人食用，吃东西或喝东西的时候不要发出声音，注意也不要让筷子、勺子和碗碰撞发出声音。

（6）放在远处的菜肴要让旁边的人传过来后再吃，夹菜时不要把手伸得过长。

（7）吃饭的过程中，咳嗽、打喷嚏的时候，要把脸转向旁边，要用手或手绢遮住嘴。

第四节　韩国料理原料介绍

一、韩国料理原料介绍

1. 韩国辣椒面

韩国辣椒面很红、很细，但辣味不是很突出，微带点酸味。适合做各种泡菜或调味品（图3.17）。

2. 韩国辣椒酱

韩国辣椒酱使用范围广泛，也是制作韩国辣白菜等的主要辣椒酱，口味咸甜香辣（图3.18）。

3. 韩国辣白菜酱

韩国辣白菜酱专门制作辣白菜的腌制酱料，使用简单，不用再调和其他原料即可使用（图3.19）。

4. 石锅拌饭酱

石锅拌饭酱是非常方便的调和料，直接把它拌在石锅米饭上即可（图3.20）。

5. 牛肉味粉

牛肉味粉是方便快捷的调味品，广泛使用在韩国料理的各种牛肉类菜肴的调味、腌制、制作的过程中，味道很像方便面的调味包（图3.21）。

6. 韩国大酱

韩国大酱是制作大酱汤必不可少的调料（图3.22）。

7. 高丽人参

高丽人参是韩国料理里常使用的药材，一般是鲜人参时即可使用（图3.23）。

8. 韩国鱼露

韩国鱼露是制作韩国泡菜时大家喜欢添加的调味品，本来是越南菜肴的特色原料，但在韩国料理中广泛使用（图3.24）。

图 3.17　韩国辣椒面

图 3.18　韩国辣椒酱

图 3.19　韩国辣白菜酱

图 3.20　石锅拌饭酱

图 3.21　牛肉味粉

图 3.22　韩国大酱

图 3.23　高丽人参　　图 3.24　韩国鱼露

9. 韩国芥末粉

韩国人也喜爱生吃海鲜产品，他们的芥末粉也和日本料理有一定的差别，主要是芥末的辣度（图3.25）。

10. 干海带

干海带是制作紫菜包饭的必要原料，也可用来为汤类菜肴的调味。也是韩国人生日必须食用的海带汤的主要原料（图3.26）。

11. 人参鸡汤调料包

人参鸡汤调料包是方便快捷地制作韩国特色菜肴人参鸡汤的调料包（图3.27）。

12. 炸酱粉

炸酱粉是制作韩国炸酱面的调味品（图3.28）。

13. 韩国粗盐

韩国粗盐是制作专业的韩国泡菜的必须盐制品（图3.29）。

14. 韩国酱油

韩国酱油是韩国传统调味品的一种，在酱蟹、炖排骨等人气韩国料理中，酱油是必不可少的调味料（图3.30）。

15. 韩国料酒

韩国料酒是烹调中广泛使用的米酒（图3.31）。

图 3.25 韩国芥末粉

图 3.26 干海带

图 3.27 人参鸡汤调料包

图 3.28 炸酱粉

图 3.29 韩国粗盐

图 3.30 韩国酱油

图 3.31 韩国料酒

16. 糖稀

糖稀是制作泡菜的甜味精（图3.32）。

17. 虾酱

虾酱是制作韩国泡菜必要三宝之一（图3.33）。

18. 韩国香油

韩国香油和中国菜肴使用的香油最大的区别是韩国的香油香气不是很浓郁（图3.34）。

19. 韩国冷面条

韩国冷面条是制作冷面的专门面条（图3.35）。

20. 韩国炸酱面面条

韩国炸酱面面条是制作韩式炸酱面的专用面条，口感较一般面条更弹（图3.36）。

21. 裙带菜

裙带菜是制作海带汤的底料，也是制作味噌汤的底料（图3.37）。

22. 烤肉蘸酱

烤肉蘸酱是吃韩国烧烤的必备酱料（图3.38）。

23. 烤猪、牛肉酱

烤猪、牛肉酱是一种腌制烤肉的调料（图3.39）。

24. 韩国炸粉

韩国炸粉可以用来制作各种韩式炸物，调味丰富（图3.40）。

图 3.32　糖稀

图 3.33　虾酱

图 3.34　韩国香油

图 3.35　韩国冷面条

图 3.36　韩国
炸酱面面条

图 3.37　裙带菜

图 3.38　烤肉蘸酱

图 3.39　烤猪、牛肉酱

图3.40 韩国炸粉　　　图3.41 明太鱼干　　　图3.42 小海鱼干　　　图3.43 韩式五花肉

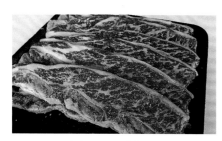
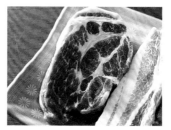

图3.44 牛仔骨　　　　　图3.45 韩式猪颈肉　　　　图3.46 韩式雪花牛肉片

25. 明太鱼干

明太鱼干是将明太鱼晾成鱼干，深受韩国人民喜爱（图3.41）。

26. 小海鱼干

小海鱼干是将新鲜小海鱼晾晒成鱼干（图3.42）。

27. 韩式五花肉

韩式五花肉是将上等五花肉切成薄片，用于烤或炒，是韩国家喻户晓的美食（图3.43）。

28. 牛仔骨

牛仔骨又称牛小排，指牛的胸肋骨部位（图3.44）。

29. 韩式猪颈肉

韩式猪颈肉是韩式烤肉里不可缺少的美味（图3.45）。

30. 韩式雪花牛肉片

韩式雪花牛肉片是韩式烤肉和韩式火锅的美味食材（图3.46）。

第五节　韩国料理菜肴制作

一、韩国泡菜

（一）泡菜的基础知识

所谓韩国泡菜其实是个误称，称之为韩国腌菜比较恰当。泡菜顾名思义就是用盐水来浸泡食物类原料使之成熟后食用，但是韩国制作的泡菜一般都不用大量的盐水浸泡，他们大多采用腌制后窖藏发酵使食物类原料成熟后食用。以前韩国人为保证食品的口味和熟性，充分利用韩国地理条件温度低的特点，在低温环境下泡菜在成熟过程中会产生大量的乳酸菌。据考察，乳酸菌有抑制肠胃中的有害病菌的作用。

在韩国，制作泡菜时还会根据时令季节的不同，采用不同的蔬菜原料来丰富泡菜的种类、口感、质地、品质等。比如，在每年春节家家户户都会购买大量的红皮萝卜、青笋等来腌制泡菜；夏季购买黄瓜、小萝卜来腌制泡菜；秋季购买大白菜制作辣白菜；冬季蔬菜很少、很贵，就购买便宜的长白萝卜、花生、豆类来腌制泡菜。可以说，韩国每个家庭制作的泡菜都有独特的口味和方法。

（二）泡菜的制作

实训一　韩国辣白菜1

实训目的： 了解韩国辣白菜的制作工艺流程，掌握腌制蔬菜原料的关键技巧。

实训要求： 使用正确的手法来腌制白菜；采用特殊的技巧缩短泡菜成熟的时间。

实训原料： 大白菜1棵，韩国辣椒粉150克，韩国辣酱150克，虾酱15克，粗盐50克，丁香1克，青苹果片50克，蒜苗片5克，大蒜片5克，白糖15克，柠檬1个（榨汁），雪碧150克，茴香1克，八角1克，山奈1克，桂皮1克，鱼露5克。

实训学时： 1学时。

烹调工具： 不锈钢盆、切刀、菜板、小玻璃缸、汤勺。

实训步骤： 1. 先把大白菜清洗干净，对开后晾干水分，撒粗盐后备用（如果不是为缩短泡菜成熟的时间，这一步可以是把大白菜放在雪地上用石块压上令其脱水，而不是现在采用的用盐腌制后脱水）。

2. 不锈钢盆内放入韩国辣椒粉、韩国辣酱、虾酱、丁香、青苹果片、蒜苗片、大蒜片、茴香、八角、山奈、桂皮、鱼露等，用雪碧调和成糊备用。

3. 大白菜脱水后挤压，把调好的辣椒糊抹在白菜的每一片菜叶两面。

4. 把大白菜放入可以密封的玻璃缸内，低温窖藏3~4天后即可食用（发酵后泡菜会有酸味和苹果的甜香味，用白糖和柠檬调和风味后，即可食用）。

注意事项： 如果是使用盐脱水的工艺制作泡菜必须把盐水挤压干净后才能制作，否则制作完成的菜肴会很咸。

实训二　韩式辣白菜2

实训目的： 通过教学，使学生了解并掌握韩国泡菜的菜品特点，制作要领。

实训要求： 通过实操训练，使学生学会韩国泡菜的制作，并能熟练操作。

实训原料： 主料：白菜7~8棵，粗盐700克，水4千克。

辅料：萝卜1千克、水芹菜100克，葱200克，芥菜200克，牡蛎200克，盐6克，水400克。

调料：辣椒粉130克，腌小鱼酱100克，虾仁酱100克，糖12克，葱末200克，蒜泥80克，姜泥36克。

泡菜汤汁：水100克、盐2克。

实训学时： 1学时。

烹调工具： 砧板、西餐刀、不锈钢盆。

实训步骤： 1. 原料选择与清洗：白菜要求当季新鲜、肉质紧实、无腐烂、无虫害、无斑点，每棵重1.5~3.0千克。将选好的白菜用流动水清洗干净，沥干水分。

2. 摘选与切分：剥去白菜的老叶、干边叶等不良部分；去除白菜根部，顺着根部的纹理轻下刀，用手掰断菜根，要求去根彻底、切面平整。

3. 盐渍：取350克粗盐，均匀放进每片白菜帮之间。准备干净容器，加清水再加入剩余的粗盐制成盐水，将所有白菜放入盐水中腌制3小时。

4. 清洗：将盐渍后的白菜用流动的水反复清洗3~4次，再将清洗后的白菜放入筛子控干水分，一般需控水1小时左右。

5. 辅料加工：将萝卜清理洗净，切成长5厘米，宽、厚均为0.3厘米左右的萝卜丝。水芹菜去掉叶片；葱、芥菜切成长约4厘米的段；牡蛎用淡盐水轻洗后沥干水分。

6. 调味料的制作：将虾仁酱里的虾仁挑出切碎后加入虾仁酱与腌小鱼酱混合，再加入辣椒粉、葱末、蒜泥、姜泥、糖等拌匀，制成辣椒粉酱料；将辣椒粉酱料拌入切好的萝卜丝中，调拌均匀；最后放入水芹菜段、葱段、芥菜段和牡蛎，轻拌后加入盐。

7. 抹料：在白菜帮之间均匀地抹上调味料。为防止调味料外流，可用大菜叶将调味料围裹。

8. 装坛：制备泡菜的容器应选择火候老、釉质好、无裂纹、无砂眼、吸水良好、缸音清脆的泡菜坛子。在泡菜坛子里整齐地放入7~8棵抹好料的白菜，并在最上部覆盖一层用盐腌过的大白菜叶。将全部泡菜汤汁和所剩调味料均匀地洒在泡菜上，最后将白菜压实密封。

9. 埋坛：冬天储藏白菜泡菜，可把菜坛或缸埋在地下保持温度10℃左右存放3周，使其充分发酵、成熟，取出食用味道和营养更佳。

注意事项： 食材新鲜，密封容器，温度适中。

实训三　韩国青笋泡菜

实训目的： 掌握腌制蔬菜的方法和菜肴制作工艺流程。

实训要求： 熟练掌握蔬菜脱水的技巧和时间；了解不同风味泡菜的制作方法。

实训原料： 青笋1000克，粗盐100克，大蒜5克，八角1克，白糖150克，白醋50克，小米椒5克，山椒水

50克，丁香1克，山奈1克，黑木耳5克，干香菇1克，麻油15克，红标鱼露5克。

实训学时： 1学时。

烹调工具： 不锈钢盆、切刀、菜板、玻璃盆、泡菜碟。

实训步骤： 1. 先把山椒水、白糖、白醋、八角、干香菇、小米椒、红标鱼露、丁香、山奈、黑木耳、大蒜调和好，浸泡一天后使用。

     2. 青笋去皮切片后用粗盐腌制，脱水后备用。

     3. 把挤干水分的青笋片用调和好的山椒水腌制，放置一天后即可食用。

     4. 泡菜碟内放腌制好的青笋片、小米椒段、黑木耳、麻油装饰即可。

注意事项： 调和好的山椒水是菜肴制作的关键，口味要酸甜香辣。青笋脱水后要挤压干净盐水，才会脆嫩。

二、韩国烤肉

（一）烤肉的基础知识

韩国烤肉以烤牛肉为主，猪肉次之。韩国的烤肉中较有特色的是雪花牛肉、猪颈肉、五花肉、烟肉等。吃烤肉时，先由客人自己在烧烤盘上刷上油，再把切好的肉片放在中间略高四周稍低的沟槽铸铁锅中，听到发出"嗞嗞"的烤肉声，肉上的油泡裂开发出扑鼻香味，等到烤肉成了金黄色时用剪刀把烤好的肉剪成小片，然后包上泡菜、生菜等搭配出多种口味。

韩国烤肉，没有加上任何酱料时，脆嫩香甜；加上配料更是风味不同。韩国烧烤的原料必须经过腌制码味。腌制时，一般还要加入一些水果和洋葱，使成菜有香而不腻的感觉。此外，韩国烧烤在烤制过程中不再调味，只是在食用时才用蘸汁来补味。配料有大豆酱、葱丝、青椒、蒜头、泡菜等，食客可以随自己的需要，把想吃的配菜放置到清洗干净的生菜上，包裹成条状，味道更加美妙，肉质鲜嫩不油腻，而且香脆，风味也别具一格。

从烹调方法上来说韩国烤肉就是煎，和烧烤几乎没什么关联。首先，韩国烧烤采用燃气为燃料，利用烤盘传热烹调菜肴，基本就是煎的烹调方法；其次，韩国烧烤的腌制是由原料的汁水和原料烤好后蘸食的汁水来决定，这和烤制食物的基本调味区别很大；再次，韩国烧烤菜肴一般煎至八分熟或刚熟即可，体现的是嫩爽口感，这和烧烤食物干、香的口感也有很大的区别。

（二）烤肉的制作

实训四 韩国烤肉1

实训目的： 通过教学，使学生了解并掌握韩国烤肉的菜品特点，制作要领。

实训要求： 通过实操训练，使学生学会韩国烤肉的制作，并能熟练操作。

实训原料： 五花肉1000克，糖10克，酱油10毫升，鱼
露5毫升，青椒、生菜、啤酒、葱、姜、
蒜、芝麻、盐、胡椒、辣椒粉各适量。

实训学时： 1学时。

烹调工具： 砧板、西餐刀、码兜、煎锅。

实训步骤： 五花肉腌汁（以1000克五花肉为例）

原料：水果辣酱150克，香油50克，蒜
蓉、高汤各少许。

制法：把水果辣酱、香油和蒜蓉调匀
后，加入高汤搅成糊状。

用法：将五花肉切成长30厘米、宽6厘米的条状，再把调匀的腌汁刷于其表面，然后卷
成圆形，用保鲜膜包裹好后，置冰箱存放即可。

五花肉蘸汁（即生菜酱）

原料：大酱250克，辣酱80克，豆腐250克，姜50克，洋葱50克，蒜20克，梨50克，味精
20克，白糖50克，高汤、牛肉粉、香油、芝麻各少许。

制作方法：

1. 将姜、洋葱、蒜洗净，梨去皮除籽，然后用搅拌机打成蓉；豆腐搅成泥状。

2. 把大酱、辣酱调匀，加入步骤1中搅好的原料，再加少许高汤搅拌均匀，最后加入白
糖、味精、牛肉粉、芝麻和香油调匀即成。

用法：食用时，将烤好的五花肉片蘸上蘸汁，再包裹于生菜当中便可。

牛肉、牛排腌汁（以1000克牛肉或牛排为例）

原料：蒙字酱油500克，白糖250克，糖稀150克，味精50克，胡椒面50克，牛肉粉50克，
料酒50克，香油50克，芝麻20克，洋葱500克，梨500克，姜100克，蒜100克。

制作方法：

1. 把梨（去皮除籽）、姜、蒜、洋葱等用搅拌机打成蓉。

2. 取酱油、水（1000克）、白糖、糖稀放入一不锈钢桶内，然后置小火上搅拌至白糖
和糖稀溶化时，再加入胡椒面、牛肉粉和味精，最后加入前面已经搅成蓉的原料和香
油、芝麻，调匀即成。

用法：将牛肉切成薄片，放入牛肉汁中腌4~5小时，待牛肉变为深黑色即可。

蘸汁（即烤汁）

原料：酱油150克，糖稀50克，味精20克，牛肉粉20克，白糖20克，柠檬1个，香叶、桂
皮、草果、白蔻各适量，姜、葱、蒜各少许。

制作方法：

1. 取酱油、水（50克）、糖稀在小铁桶内兑匀，然后置小火上，放入洗净的姜、葱、
蒜和香叶、桂皮、苹果、白蔻等香料熬半小时，待熬出香味后离火，放一旁静置。

2. 把牛肉粉、味精放入小铁桶内的汁中，再把柠檬汁挤进去，调匀即成。

用法：用细漏勺将汁中的渣漏掉，凉冷便可蘸食牛肉。

注意事项：腌制料的调配在口感上略重一些。

实训五　韩国香梨烤肉

实训目的：掌握用水果腌制食物的原理和菜肴制作方法。

实训要求：要求牛肉切割的方法得当、腌制时间掌握恰当、工艺流程正确。

实训原料：牛柳1000克，香梨500克，香菜碎50克，香油100克，大蒜25克，酱油5克，盐5克，胡椒粉1克，韩国辣酱100克，白萝卜500克，直叶生菜500克，烟肉150克，洋葱50克，青椒50克，鸡腿菇50克。

实训学时：1学时。

烹调工具：烤肉盘、切刀、菜板、不锈钢盆、油刷、剪刀、泡菜碟、竹篮。

实训步骤：1．先把香梨去皮、去核，剁碎后挤出梨汁备用。

2．牛柳去筋后，正斜刀切厚片，放入梨汁浸泡，再加入适量香菜碎、香油、盐、胡椒粉调味，最后放适量酱油调色。当梨汁成淡茶色时腌制1小时。

3．直叶生菜清洗干净后晾干水分，放竹篮内即可。

4．白萝卜切粗丝撒盐，放置15分钟后脱水，用适量韩国辣酱制作成简易泡菜备用。

5．青椒、鸡腿菇、洋葱、烟肉切片后装盘备用。

6．调味碟内放适量香菜碎、香油、适量韩国辣酱、大蒜调和成蘸酱。

7．烤肉部分由客人自己操作，菜肴准备结束。

注意事项：1．由于韩国烤肉吃的时候是客人自己烤制，所以此处来设置烹调方法学习，但是要知道如何去吃韩国烤肉才能真正地了解韩国烤肉的内涵，以便为今后菜肴的变化和发展打下基础。

2．吃韩国烤肉要用生菜叶包上牛肉、烟肉片、萝卜丝泡菜、小青椒碎，蘸酱后食用。吃烤肉的礼节是要求一口吃下，所以包裹的菜肴不能太大、太多。大的肉片可以自己动手使用剪刀把原料剪成小块。

三、韩国蔬菜煎饼

（一）蔬菜煎饼的基础知识

韩国特色的蔬菜煎饼是很多韩国人的早餐食物，风味很多，可以加入很多原料调和成不同的口味和风格。大致分为两种：一种是做早餐食用的煎饼，面粉含量多，比如各种蔬菜煎饼；另一种是做小吃的蔬菜煎饼，面粉含量少，用油煎出来食用，比如海鲜煎饼、韭菜煎饼、土豆蔬菜煎饼等。

韩国的蔬菜煎饼历史悠久，但是近年来变化很大。特别是"二战"后美国人把比萨带到韩国，韩国人比较能接受比萨的口味，但不是很喜欢比萨上的芝士，所以在自己的蔬菜煎饼的基础上变革、融入西餐的制作方法和口味，将蔬菜煎饼和比萨相结合，制作出有现代特色的韩国早餐蔬菜煎饼，深受广大市民喜爱。

（二）蔬菜煎饼的制作

实训六　韩国蔬菜煎饼

实训目的： 掌握蔬菜煎饼的制作方法并会调制面糊的浓稠，了解蔬菜煎饼的口味变化。

实训要求： 能熟练地运用翻锅技术以及对原料的认识度来完成菜肴的制作。

实训原料： 低筋面粉500克，鸡蛋6个，盐3克，胡椒粉1克，色拉油250克，韩国辣酱30克，洋葱50克，烟肉50克，火腿50克，青椒50克，红椒50克，黄椒25克，蘑菇25克，香菜5克。

实训学时： 1学时。

烹调工具： 平底煎锅、不锈钢盆、切刀、菜板、大盘。

实训步骤： 1. 先把鸡蛋、面粉、盐、胡椒粉、少许色拉油等调和成面糊，可以加入适量的水来调和面糊的浓稠度。

2. 再把洋葱、烟肉、火腿、青椒、红椒、黄椒、蘑菇、香菜等切丝备用。

3. 平底煎锅烧热后放适量的色拉油，再把调和好的面糊放在中央，离开火放上各种蔬菜和肉类的丝。

4. 铺好各种蔬菜丝后再把平底煎锅放火上加热至金黄色，翻面后小火烘熟。

5. 取出后切八块，中央刷上韩国辣酱即可。

6. 也可配上韩国泡菜一起装盘食用。

注意事项： 1. 如果有现成的韩国面饼粉，直接加水调和即可使用。

2. 制作的时候，色拉油可以多放点，但是在放面糊的时候只能从中间放。

3. 煎制的时候要注意翻面的时间，太早翻面颜色不好、蔬菜等会掉落。

4. 放蔬菜和肉类的时候一定要离开火，这样蔬菜等原料才能粘贴在面饼表面。

实训七　韭菜鸡蛋饼

实训目的： 了解鸡蛋面糊的调制方法和制作的技巧。

实训要求： 熟练制作鸡蛋饼，掌握制作要领和调味变化等知识。

实训原料： 面粉250克，鸡蛋8个，韭菜150克，韩国辣酱50克，香葱15克，大虾25克，蘑菇25克，冬笋25克，香菇25克，鲜贝25克，盐3克，韩国鱼露5克，高汤25克，香菜5克，胡椒粉1克，色拉油350克。

实训学时： 1学时。

烹调工具： 平底煎锅、不锈钢盆、切刀、菜板、大
盘、味碟。

实训步骤： 1. 先把鸡蛋、面粉、盐、胡椒粉、少许
色拉油、辣酱等调和成面糊。

2. 再把大虾、韭菜、蘑菇、香菜、冬
笋、香菇、鲜贝、香葱等切丁备用。

3. 平底煎锅烧热后放大量的色拉油，再
把调和好的面糊放在中央，离开火放上
各种蔬菜和海鲜丁。

4. 铺好各种蔬菜丁后再把平底煎锅放火上加热至金黄色，翻面后小火烘熟。

5. 取出后切八块，配上韩国泡菜一起装盘食用。

注意事项： 海鲜原料在烹调中很容易出水，可以先氽水后使用。

鸡蛋面糊调制的时候鸡蛋较多，制作的时候油一定要多。

（三）鳕鱼饼的概念

鳕鱼饼是以明太鱼为原料制作而成的，其做法简单，与常见的煎鱼做法极为相似。并且明太鱼是韩国民众最喜爱食用的鱼类，因此鳕鱼饼也是受民众喜爱的美食之一。

（四）鳕鱼饼的制作

实训八 鳕鱼饼

实训目的： 通过教学，使学生了解并掌握鳕鱼饼的
菜品特点，制作要领。

实训要求： 通过实操训练，使学生学会鳕鱼饼的制
作，并能熟练操作。

实训原料： 明太鱼、面粉、鸡蛋、红尖椒、盐、胡
椒粉各适量。

实训学时： 1学时。

烹调工具： 砧板、西餐刀、平底锅。

实训步骤： 1. 首先将明太鱼从中间片开，取下鱼
骨、鱼皮，将鱼柳分割成块状鱼肉。

2. 将处理好的鱼肉用盐、胡椒粉腌制一下备用。

3. 将鸡蛋搅拌成蛋液，将红尖椒切成尖椒圈。

4. 在平底锅中加入色拉油，然后将腌制好的鱼肉粘上面粉裹上蛋液下入平底锅中进行煎制。

5. 将切好的尖椒圈放在正在煎制的鱼肉上，待煎制的一面达到金黄色时翻面。

6. 两面煎至金黄色以后装盘即可。

注意事项： 在处理鱼时，鱼刺要处理干净，不可有残留。

（五）泡菜饼的概念

韩式泡菜饼是以泡菜、面粉等为主要原料制作而成的料理，在味道上既有泡菜爽脆香辣的口感，又略带辛辣的甜味，口感层次丰富。并且泡菜饼是较为简单速成的美食，只要面粉水加上泡菜，加少许调料，煎熟即可完成，也是韩国民众家庭餐桌最为常见的主食之一。

（六）泡菜饼的制作

实训九　泡菜饼

实训目的：通过教学，使学生了解并掌握泡菜饼的菜品特点，制作要领。

实训要求：通过实操训练，使学生学会泡菜饼的制作，并能熟练操作。

实训原料：韩国泡菜、面粉、香葱、鸡蛋、盐、香油、绵白糖各适量。

实训学时：1学时。

烹调工具：砧板、西餐刀、平底锅、小钢盆。

实训步骤：1. 泡菜切丁后放入盆中，将泡菜丁、面粉、香葱、鸡蛋、盐、绵白糖、香油全部放入盆中。

2. 在盆中加一点清水，朝一个方向均匀搅动成糊状。

3. 平底锅放油加热，将面糊倒入平底锅中，中小火煎制。

4. 一面煎好后，再煎另一面，两面煎成金黄色即可。

注意事项：1. 制作韩国泡菜饼的时候加鸡蛋可以让口感更好，泡菜饼也会更软。

2. 饼糊不要太厚，一次少放，这样更容易成熟，并且出品美观。

（七）韩式汤泡饭的概念

汤泡饭是经典的韩餐吃法，即把米饭倒入汤中，一勺舀起，连汤带饭一起食用。豆芽汤泡饭、牛肉汤泡饭是韩国最典型的汤泡饭。这种吃法的特点在于米饭能充分吸收汤味，因而食用起来更入味、更香醇，最重要的是这种吃法可以节约时间，深受韩国上班族的热爱。

（八）韩式汤泡饭的制作

实训十　韩式脊骨汤

实训目的：通过教学，使学生了解并掌握脊骨汤的菜品特点，制作要领。

实训要求：通过实操训练，使学生学会脊骨汤的制作，并能熟练操作。

实训原料：猪脊骨、土豆、干白菜、青椒、小米椒、姜、大葱、蒜、韩式辣酱、牛肉粉、苏子粉各适量。

实训学时：1学时。

烹调工具：砧板、西餐刀、少司锅。

实训步骤：1. 猪脊骨凉水下锅焯水后清洗干净。

2. 将姜切片，葱切圈，青椒、小米椒切圈，蒜切末，土豆去皮切块备用。

3. 将干白菜泡发，清洗干净后切段备用。

4. 少司锅内加水煮开后，加入姜片、大葱圈、韩式辣酱、牛肉粉搅拌均匀。

5. 将处理好的脊骨放入汤中煮一小时后加入土豆块和干白菜再炖煮半小时。

6. 然后加入苏子粉搅拌均匀。

7. 装盘后在撒上少许苏子粉，放入辣椒圈即可。

注意事项：1. 干白菜一般需要提前泡发。

2. 韩式辣酱和苏子粉依照客人口味酌情添加。

实训十一　韩式牛肉汤

实训目的：通过教学，使学生了解并掌握韩式牛肉汤的菜品特点，制作要领。

实训要求：通过实操训练，使学生学会韩式牛肉汤的制作，并能熟练操作。

实训原料：牛肉、豆芽、小葱、韩国萝卜、韩式辣椒粉、香油、蒜、鱼露各适量。

实训学时：1学时。

烹调工具：砧板、西餐刀、石锅、少司锅。

实训步骤：1. 牛肉冷水下锅，开锅后撇掉血沫，调小火炖2小时。

2. 小葱切段，萝卜切片，蒜切末。

3. 辣椒粉和香油倒进石锅里，搅拌成辣酱。

4. 把萝卜、豆芽、小葱、蒜末全部加进石锅里，把辣椒酱和蔬菜一起拌匀。

5. 待牛肉汤炖好了，把一半的牛肉和牛肉汤加进石锅里，不要加得太满，然后加入鱼露即可。

注意事项：汤里不用加盐，因为鱼露本身就是咸的。

四、韩国石锅拌饭

（一）石锅拌饭的基础知识

　　石锅是韩国料理特有的烹调方法，最早出现在韩国光州、全州，后来演变为韩国的代表性食物。目前国内餐厅在制作石锅拌饭的时候使用的器具种类繁多，有玄武岩、陶器、大理石等多种材质，有的能加热，有的却不能加热。餐厅里的拌饭可以是不用加热的，就使用陶器等材质的石锅直接拌饭，而我们介绍的石锅拌饭是要加热的，必须使用玄武岩、大理石等能长期加热的器具。

如何选择一个正宗的石锅拌饭盛器呢？最适合做石锅拌饭盛器的材质当属大理石。刚买回来的石锅必须先用盐水煮半小时左右，再用水清洗干净。再将油涂抹在里面放火上烧热，反复涂油烧几次后就能正常使用。这样处理过的石锅能长期保持坚固，不开裂。

如何制作石锅拌饭的米饭？选用吉林延边的粳米加适量的水和油、盐，再用电饭煲蒸好备用。然后把石锅放火上烧热到大约275℃，抹上芝麻香油，填入米饭。由于石锅受热后，将温度传给了油，油的温度几乎达到七成热，米饭从电饭煲拿出来时的温度低于石锅的温度，骤然受热后，很容易产生锅巴，抹芝麻油还有一个作用就是让锅巴不粘锅，易分离。

如何吃石锅拌饭？石锅拌饭做好后一般放上黄豆芽等五色蔬菜和肉类，再和辣椒酱拌匀后加一个溏心鸡蛋食用。辣椒酱作为主要调料品，喜欢吃辣的可以放辣酱，不吃辣的则放大豆酱。酱料的浓稠度直接影响到食客在拌米饭时的顺畅感，酱的浓度以都能裹在米粒上，且不稀，不会让米粒发黏为最佳。要注意的一点是，用来做石锅拌饭的辣酱和炒年糕、冷面里的辣酱完全不同，后者味道更酸甜一些。石锅拌饭里的鸡蛋是代表性标志，似乎没有鸡蛋，就不叫石锅拌饭了，有人喜欢磕一个生鸡蛋进去，有人喜欢将鸡蛋煎成太阳蛋再放进去，也有先放鸡蛋再放米饭的，也有最后在米饭上面磕上鸡蛋的。石锅拌饭上面摆放的各种蔬菜和肉类的刀工必须整齐、颜色搭配合理，还必须考虑到蔬菜或是海鲜原料要先脱水，这样拌好的饭口感才最好。

（二）石锅拌饭的制作

实训十二　海鲜石锅拌饭

实训目的： 初步了解石锅的种类选择的要求和制作要点与调味方法。

实训要求： 掌握石锅烧制的火候控制和原料的刀工技术以及色彩搭配技巧。

实训原料： 大米250克，芝麻香油5克，盐1克，鲜鱿鱼花50克，香菇15克，大虾50克，蟹柳25克，黄豆芽15克，胡萝卜15克，香菜3克，鸡蛋2个，蕨菜15克，黄瓜25克，韭菜15克，韩国辣椒酱50克，辣白菜50克，鲜贝50克，鱼饼50克，白芝麻1克，海苔丝1克。

实训学时： 1学时。

烹调工具： 石锅、不锈钢盆、切刀、菜板、大盘、味碟。

实训步骤： 1. 把大米加适量的盐、油、水煮熟备用。

2. 把各种蔬菜、海鲜加工后切丝备用。

3. 石锅烧热到七成，刷芝麻香油，填入米饭。

4. 四周依次摆放上鲜鱿鱼花、香菇丝、黄瓜丝、黄豆芽、蕨菜丝、大虾、韭菜丝、鲜贝、辣白菜丝、胡萝卜丝、香菜丝、鱼饼，中间放生鸡蛋黄一个，撒上白芝麻、海苔丝等。

5. 配韩国辣椒酱上桌即可。

注意事项： 海鲜原料先汆水煮熟。

实训十三　牛肉石锅拌饭

实训目的： 掌握石锅的种类选择的要求和制作要点与调味方法。

实训要求： 掌握石锅烧制的火候控制和原料的刀工技术以及色彩搭配技巧。

实训原料： 大米250克，芝麻香油5克，盐1克，韩国辣椒酱50克，香菇15克，黄豆芽15克，胡萝卜15克，香菜3克，黄瓜25克，韭菜15克，鸡蛋2个，蕨菜15克，鱼饼50克，白芝麻1克，海苔丝1克，辣白菜50克，肥牛50克，鳗鱼50克。

实训学时： 1学时。

烹调工具： 石锅、不锈钢盆、切刀、菜板、大盘、味碟。

实训步骤： 1. 把大米加适量的盐、油、水煮熟备用。

2. 把各种蔬菜、海鲜、肉类加工后切丝备用。

3. 石锅烧到七成热，刷芝麻香油，填入米饭。

4. 四周依次摆放上肥牛、香菇丝、黄瓜丝、黄豆芽、蕨菜丝、韭菜丝、辣白菜丝、鳗鱼丝、胡萝卜丝、香菜丝、鱼饼，中间放生鸡蛋黄一个，撒上白芝麻、海苔丝等。

5. 配韩国辣椒酱上桌即可。

注意事项： 韩国辣椒酱用雪碧调和后使用口味更佳。

实训十四　石锅拌饭

实训目的： 通过教学，使学生了解并掌握石锅拌饭的菜品特点，制作要领。

实训要求： 通过实操训练，使学生学会石锅拌饭的制作，并能熟练操作。

实训原料： 熟米饭1碗，蕨菜段20克，黄豆芽100克，鸡蛋1个，胡萝卜、菠菜各100克，辣白菜50克，葱花少许。

调料：辣椒酱10克，白糖、芝麻油、白醋、雪碧各适量。

实训学时： 1学时。

烹调工具： 砧板、西餐刀、石锅、炒锅。

实训步骤： 1. 胡萝卜切丝，菠菜切段，黄豆芽、胡萝卜丝、蕨菜段、菠菜段分别焯水备用。

2. 石锅内壁抹匀芝麻油，铺上熟米饭煮2分钟，再铺上焯水后的食材和辣白菜。

3. 在装有辣椒酱的碗中，放入白糖、白醋、雪碧，均匀搅拌成酱汁，淋在食材上。

4. 热锅注油烧热，放入鸡蛋，煎至单面熟后，放在石锅的食材上，撒葱花即可。

注意事项： 操作时注意石锅温度，避免烫手。

五、韩国大酱汤

（一）大酱汤的基础知识

大酱是韩国料理的主要调味品，它有调和咸淡的作用，使用大酱来制作汤菜是韩国料理的特色。一般来说酱有清酱、大酱、辣椒酱、汁酱、青苔酱、黄酱等种类，有的时候可以使用辣椒酱来制作大酱汤。

大酱和味噌的区别：日本料理的大酱称为"味噌"，传入韩国称为"大酱"。味噌和大酱原料都有黄豆。但是大酱基本上就是黄豆做的，更咸更粗一点，里面还有很多黄豆碎。味噌就很细腻了，除了用豆来做，原料里还有米、麦等成分，味道上更淡一点。

大酱的制作方法：一般会在农历十月开始制作大酱。先将大豆煮到变色后，打成豆沙后制成酱坯。大酱坯一般要放置在阴凉通风处，风干3~5天，再晾晒40天左右。最后再一层酱坯、一层稻草摆放在温度、湿度适宜之处，使其自然发酵。数月后，将酱坯弄碎，将其浸入淡盐水中，根据口味咸淡制作成糊状，便成了大酱。

韩国人认为大酱蕴涵着人性的"五德"，代表了生活的丰富色彩，是料理的中心。比如大酱与其他味道混合时依旧不失其固有香味和独特滋味，代表了人的"丹心"。大酱放置很久也不会变味或变质，反而历久弥新，代表了人的"恒心"。大酱可以去除鱼肉的腥味，代表了人的"佛心"。大酱可以减弱辛辣等刺激性味道，代表了人的"善心"。大酱可以与任何食物相搭配，代表了人的"和心"。

（二）大酱汤的制作

实训十五　韩国大酱汤

实训目的： 了解韩国料理的大酱蕴涵的人性"五德"和烹调的关系。

实训要求： 掌握大酱制作汤菜的方法和调味技巧。

实训原料： 肥牛150克，大酱50克，银鱼干5克，蛤蜊150克，高汤1000克，土豆块50克，节瓜50克，豆腐50克，小青辣椒5克，小米椒5克，洋葱50克，香菇50克，辣酱15克，茼蒿2克，米饭100克。

实训学时：1学时。

烹调工具：汤锅、不锈钢盆、切刀、菜板、汤盆、汤勺、石锅。

实训步骤：1. 石锅内放高汤、银鱼干、肥牛、大酱、土豆块、辣酱等煮30分钟左右。

2. 放入洋葱、节瓜、蛤蜊、香菇、豆腐块煮开，再放入小青辣椒、小米椒、茼蒿等装饰即可。

3. 吃的时候配白米饭。

注意事项：韩国大酱和辣椒酱都是比较咸的调料，制作的时候不需要放盐、胡椒、味精等调味品，大酱就是很好的复合调味品。

实训十六　牛肉豆腐大酱汤

实训目的：通过教学，使学生了解并掌握韩式大酱汤的菜品特点、制作要领。

实训要求：通过实操训练，使学生学会韩式大酱汤的制作，并能熟练操作。

实训原料：牛肉90克，香菇15克，大酱75克，豆腐250克，青辣椒15克，红辣椒20克，金针菇20克，大葱、大蒜、芝麻盐、胡椒粉、芝麻油、粗辣椒粉各适量，淘米水700毫升。

实训学时：1学时。

烹调工具：砧板、西餐刀、少司锅、汤碗。

实训步骤：1. 牛肉切块，香菇泡发切丝，豆腐切块，金针菇焯水备用牛肉、香菇放入芝麻盐、胡椒粉、芝麻油拌匀。

2. 大葱、青红辣椒、大蒜切丝，锅里放入牛肉与香菇，炒2分钟后倒入淘米水。

3. 水里放入大酱大火煮4分钟，转中火续煮10分钟，煮出香味。

4. 放入豆腐、粗辣椒粉煮2分钟左右，再放入葱蒜与青红辣椒、金针菇续煮1分钟左右。

注意事项：每种食材的香气烹调出以后，再进行下一步，否则会影响菜品口感。

六、韩国人参鸡

（一）人参鸡的基础知识

人参鸡在韩国是一道非常著名的菜肴，最有名的是在京畿道的人参鸡。人参鸡可以叫作菜，也可叫作汤，因为它既有米饭和菜肴的作用又含有大量的汤。由于它做法简便、滋味香浓而广受人们的喜爱。特别是韩国人对人参有着异乎寻常的热爱，称其为神草、灵草和不老草，认为它对各种疾病的预防和保养身体都有特效。食用人参鸡汤好处很多，可以滋补、养生、美容、去燥，而且在补养的同时，又不必担心发胖。因为鸡肉的热量极低，人参鸡汤的做法又较为天然，汤清无油，非常健康。尽管人参鸡汤的制作时间略长，但是对于因减肥而导致营养缺乏、体质虚弱的人来说，食用人参鸡汤是一个相当完美的选择。

即使是三伏天，韩国人也会喝人参鸡汤。其实进补并不只是冬天需要，盛夏人体的水分和营养随汗液代谢得很快，很容易觉得体虚。韩国人与中国人对"人参"的理解和使用上有很大差异：在中国人看来，只有体弱、病后或老人才会用人参补身体，平常我们更注重清火解毒；而韩国人却普遍在日常生活中使用人参，人参酒、人参糖、用于美容的人参粉，还有用人参制作的各式菜肴：拌人参丝、清炖鸡、石锅拌饭等都会用人参做原料。

人参鸡也可以称为汤菜，做法特别考究。是将特选的童子鸡，跟韩国高丽人参、黄芪、当归、枸杞、大枣、板栗、大蒜、糯米等数十种药材精心炖制而成，清淡鲜美，营养价值极高，四季食用皆宜。此汤尤为韩国运动员所推崇，是韩国第一名汤，特别适合夏天食用。

（二）人参鸡的制作

实训十七　韩国人参鸡

实训目的：了解基础的韩国药材使用常识和掌握菜肴制作技巧。

实训要求：掌握菜肴的制作工艺和流程，认识药材加工菜肴的方法和简单的饮食禁忌。

实训原料：童子鸡1000克，糯米100克，黄芪10克，水1500克，高丽参20克，蒜头10克，红枣8克，葱10克，板栗肉25克。

实训学时：1学时。

烹调工具：汤锅、不锈钢盆、切刀、菜板、汤盆、汤勺、石锅。

实训步骤：1. 童子鸡从肚子下面去除内脏与油脂，清洗干净备用。

2. 糯米淘洗干净，在水里浸泡2小时左右后放到筛子上沥去水分。

3. 黄芪清洗后在水里浸泡2小时左右。

4. 高丽参洗净后切去头部，蒜头与红枣清洗干净。葱清理洗净，切成条状。

5. 锅里放入黄芪与水，大火煮20分钟左右，沸腾时转中火续煮40分钟左右，用筛子过滤做成黄芪水。

6. 将糯米、高丽参、蒜头、葱、红枣、板栗肉填入小鸡肚子里，为防止食材外漏，须将两只鸡腿交叉绑好。

7. 锅里放入小鸡与黄芪水，大火煮20分钟左右，沸腾时转中火，续煮50分钟左右，至汤色变成乳白色，调味即可。

注意事项：糯米不宜放太满，要留出1/5左右的空间。

鸡肉可以用筷子夹着蘸盐吃，肚子里的糯米饭可以放在汤里用勺子吃。

人参不吃，因为其营养成分已经融入汤里。

七、韩国冷面

（一）冷面的基础知识

韩国冷面一般是将荞麦面或小麦粉里掺入少量绿豆粉制作的面条煮熟后冲冷，放入牛肉冷汤内，再放上肉、黄瓜、梨和其他蔬菜等，搭配鸡蛋制作而成，故而称之为水冷面。水冷面由于荞麦的含量高，所以比咸兴冷面面条粗，更有弹性。口感上讲究酸酸甜甜，清凉爽口，滑顺润喉。

在朝鲜的咸兴地区还有一种用辣椒酱和各种材料混合做成的微辣拌面，称为拌冷面。咸兴冷面的面中红薯粉和土豆淀粉含量比较高，主要是因为咸兴地处高原，主要产杂粮。另外，咸兴是海滨城市，海产品丰富，因此在冷面的调料中加入了很多海鲜成分，尤其以冷面上覆盖海鲜生烩拌面食用为主要特征。口感上较辣。

冷面整体色彩艳丽，赏心悦目，面条筋道柔软且有弹性。加汤的水冷面清爽光滑，特别是糖醋味渗到汤水里之后，整碗汤都酸酸甜甜的，令人食欲大增；而拌冷面则香辣开胃，非常适合北方人的口味。过去在冬天吃冷面的比较多，现在主要在夏天吃。

（二）冷面的制作

实训十八　韩国冷面

实训目的： 了解和认识水冷面和冷拌面的区别以及面条的种类选择。

实训要求： 掌握韩国冷拌面的制作方法。

实训原料： 土豆面条150克，鹌鹑蛋1个，芥末膏5克，姜蓉5克，香葱碎2克，芝麻1克，海苔丝1克，韩国酱油10克，香菇5克，黑木耳2克，麻油1克，白糖1克，味精1克，竹叶1片，冰碴150克，银鱼干1克，米酒2克，高汤500克，海带1克。

实训学时： 1学时。

烹调工具： 汤锅、不锈钢盆、切刀、菜板、汤盆、汤勺、木漆盒。

实训步骤： 1. 用高汤、海带、银鱼干、香菇、姜蓉2克、韩国酱油、黑木耳、麻油、白糖、味精等熬制冷面酱油。

2. 起锅煮熟土豆面条，煮好后立即放入冰水中冷却备用。

3. 木盒内先垫冰碴，再放上竹帘。把面条卷好放上。

4. 配上黑木耳、姜蓉3克、香葱碎、芥末膏和切开的鹌鹑蛋即可。

注意事项： 韩国冷面在食用时要加芥末。因为冷面的主要材料荞麦为寒性食物，加上汤料也是冰的，容易引起胃寒，加芥末是为了让食用者身体恢复温暖。

韩国冷面要放蛋，蛋黄有保护胃黏膜作用，防止过冷的食物对胃的伤害。

实训十九　韩国水冷面

实训目的： 通过教学，使学生了解并掌握韩国冷面
的菜品特点，制作要领。

实训要求： 通过实操训练，使学生学会韩国冷面的
制作，并能熟练操作。

实训原料： 冷面600克，牛肉100克，黄瓜50克，萝卜
100克，梨100克，鸡蛋2个，洋葱30克，
蒜泥16克，干辣椒10克。

调味料：酱油9毫升，糖2克，芝麻盐1克，
醋90毫升，麻油、盐、油各适量。

实训学时： 1学时。

烹调工具： 砧板、西餐刀、不锈钢盆、冷面碗。

实训步骤： 1. 牛肉洗净剁碎，加酱油、糖、芝麻盐和麻油搅拌，黄瓜洗净切片。

　　　　　　2. 萝卜洗净，切丝，用盐、糖腌渍。

　　　　　　3. 梨切片，用盐、糖腌渍；洋葱切块；盐、蒜泥、醋、干辣椒细磨，和成酱料。

　　　　　　4. 油热放入牛肉碎炒熟，鸡蛋煮熟去壳对切，冷面煮熟，用冷水冲洗沥干水分，冷面面
条装碗，将牛肉碎、洋葱、黄瓜片、萝卜丝、梨片、鸡蛋、酱料等摆放在面条上即可。

注意事项： 煮鸡蛋时可放入盐、茶叶，味道更鲜美。

八、韩式炸鸡

（一）韩式炸鸡的概念

　　韩国炸鸡又称韩式炸鸡，和中国台湾大鸡排炸鸡最大的区别在于烹饪方法。一般来说，韩国炸
鸡外面都加甜辣酱。

（二）韩式炸鸡的制作

实训二十　韩式炸鸡

实训目的： 通过教学，使学生了解并掌握韩国炸鸡
的菜品特点、制作要领。

实训要求： 通过实操训练，使学生学会韩国炸鸡的
制作，并能熟练操作。

实训原料： 鸡腿300克，牛奶200克，鸡蛋2个，低筋
面粉50克，韩国辣椒粉20克，土豆淀粉
50克。

调味料：酱油20毫升，鱼露10克，韩国

辣酱30克，麦芽糖浆90毫升，苹果汁30毫升，柠檬汁10毫升，盐、蒜蓉、白胡椒粉、油、韩国清酒各适量。

实训学时： 1学时。

烹调工具： 砧板、西餐刀、量杯、少司锅、炸炉。

实训步骤： 1. 将鸡腿去骨改刀切成大块，用牛奶、盐、胡椒粉腌制30分钟。

2. 将酱油、鱼露、韩国辣酱、麦芽糖浆、苹果汁、柠檬汁倒入量杯中备用。

3. 小少司锅倒入油炒蒜蓉，炒香后加入量杯中的原料，小火煮至浓稠制成炸鸡酱。

4. 将腌制好的鸡肉捞出加入低筋面粉、韩国辣椒粉、盐、白胡椒粉、鸡蛋、韩国清酒搅拌均匀，使面糊能充分包裹在鸡肉的表面。

5. 将搅拌均匀的鸡肉放入装有土豆淀粉的容器中，使鸡肉充分包裹上干淀粉。

6. 将鸡肉放入160℃的炸炉中进行炸制成熟（炸两次使鸡肉更酥脆）。

7. 将炸好的鸡肉充分包裹上炸鸡酱装盘即可（也可以鸡肉与炸鸡酱单独装盘，食用时可蘸炸鸡酱）。

注意事项： 第二遍的干淀粉会让鸡肉形成鳞片形更加酥脆；复炸可以使鸡肉更酥脆。

九、泡菜锅

（一）韩式泡菜锅的概念

韩式泡菜锅，即具有韩国泡菜风味的火锅，风味独特，美味可口。韩式泡菜锅在食材上具有固定搭配，一般以酸味泡菜、豆腐、火锅猪肉为主，搭配其他食材。

（二）韩式泡菜锅的制作

实训二十一　韩式泡菜锅

实训目的： 通过教学，使学生了解并掌握韩式泡菜锅的菜品特点，制作要领。

实训要求： 通过实操训练，使学生学会韩式泡菜锅的制作，并能熟练操作。

实训原料： 辣白菜200克，猪肉100克，白洋葱80克，北豆腐150克，南豆腐100克，大蒜、姜块各适量。

调味料：辣椒粉3克，牛肉粉5克，盐2克，食用油少许。

实训学时： 1学时。

烹调工具： 砧板、西餐刀、韩式锅。

实训步骤： 1. 洋葱洗净切丝，北豆腐、南豆腐切成四等份；猪肉洗净切薄片；姜、蒜切末。

2. 锅中注油烧热，放入猪肉片，烧至肉片变色，放入蒜末、姜末炒香。

　　3. 放入辣白菜炒入味，撒入辣椒粉，炒1分钟左右，加入清水、洋葱丝及豆腐块，拌匀。

　　4. 大火将汤烧开，转小火，盖上盖，熬15分钟左右，撒入牛肉粉、盐拌匀调味即可。

注意事项： 调味时可依据客人口味酌情调整调味料数量。

实训二十二　辣炖鸡块

实训目的： 通过教学，使学生了解并掌握辣炖鸡块的菜品特点，制作要领。

实训要求： 通过实操训练，使学生学会辣炖鸡块的制作，并能熟练操作。

实训原料： 鸡腿肉、韩国辣椒酱、大葱、生姜、大蒜、青尖椒、胡萝卜、土豆、盐、白糖、胡椒粉、酱油各适量。

实训学时： 1学时。

烹调工具： 砧板、西餐刀、少司锅。

实训步骤： 1. 洗净的胡萝卜和土豆切成块，青尖椒切成片。

　　2. 剁好的鸡块放入锅中开煮，加入葱、姜、蒜和水。

　　3. 把盐、白糖、胡椒粉、酱油、韩国辣椒酱等调料搅拌均匀备用。

　　4. 用勺子清理鸡块煮出来的浮沫。

　　5. 加入胡萝卜、土豆和青椒炖煮。

　　6. 最后加入韩国辣椒酱。

　　7. 小火炖30分钟即可。

注意事项： 韩国辣椒酱是不可替代的原料，是菜品口味主要来源。

（三）泡菜炒五花肉的概念

　　韩式泡菜炒五花肉主要是以辣白菜和五花肉为主要原料制作而成，是韩式家庭料理中具有代表性特色的一道料理，其菜品口感丰富，令人回味无穷。

（四）泡菜炒五花肉的制作

实训二十三　辣白菜炒五花肉

实训目的： 通过教学，使学生了解并掌握泡菜炒五花肉的菜品特点，制作要领。

实训要求： 通过实操训练，使学生学会泡菜炒五花肉的制作，并能熟练操作。

实训原料： 五花肉、辣白菜、小葱、大蒜、韩式辣酱、料酒、盐、糖、芝麻、食用油各适量。

实训学时： 1学时。

烹调工具： 砧板、西餐刀、平底锅。

实训步骤： 1. 将五花肉切成薄片，辣白菜切段、小葱切葱花、大蒜切蒜片备用。

2. 锅热后加入少许食用油，将肉片平铺在锅中大火翻炒。

3. 待肉变色，煸出油微微卷曲后加入少许料酒、葱花、蒜片中小火翻炒。

4. 倒入辣白菜和适量辣白菜汁翻炒均匀。

5. 加入适量热水，盖上锅盖中小火焖10分钟左右，让五花肉熟软。

6. 待汤汁收尽后，加入一勺韩式辣椒酱、少许盐和糖提味。

7. 出锅前撒适量白芝麻、葱花即可。

注意事项： 五花肉炒出油脂后才可进行下一步烹调。

（五）韩式辣酱蟹的概念

韩式辣酱蟹是一道极具韩国特色的传统海鲜料理。辣酱蟹、拌饭和烤肉并称为韩国三大美食。韩国人食用辣酱蟹的历史可以追溯到1600年前。那时，韩国人为了保鲜食物，发明了以酱油腌制的酱蟹，作为佐餐的一道小菜。后来，他们又发明了以酱油和辣椒粉腌制的调味酱蟹。渐渐地，辣酱蟹成为招待贵客的佳肴。

（六）韩式辣酱蟹的制作

实训二十四　韩式辣酱蟹

实训目的： 通过教学，使学生了解并掌握韩式辣酱蟹的菜品特点，制作要领。

实训要求： 通过实操训练，使学生学会韩式辣酱蟹的制作，并能熟练操作。

实训原料： 螃蟹、韩式辣酱、辣椒粉、蒜蓉、苹果、梨、白糖、洋葱碎、生抽、鱼露、姜蓉、白酒各适量。

实训学时： 1学时。

烹调工具： 砧板、西餐刀、密封盒、保鲜膜。

实训步骤： 1. 将螃蟹去掉蟹壳、蟹鳃等内脏，再将螃蟹分成两半。

2. 将处理好的螃蟹撒上白酒，冷藏备用。

3. 将苹果、梨打成泥，加入韩式辣酱、辣椒粉、白糖、姜蓉、蒜蓉搅拌匀。

4. 在搅拌好的调料中加入生抽、鱼露和洋葱碎再次搅拌均匀。

5. 将螃蟹放入调制完成的酱料中拌匀，冷藏腌制12小时以上即可。

注意事项： 螃蟹必须是活蟹。

十、紫菜包饭

（一）韩式紫菜包饭的概念

韩式紫菜包饭是一种由米饭和紫菜做成的韩国料理。在味道和形式上都区别于寿司，韩式紫菜包饭的米饭在调味上主要以香油和盐为主，在铺制米饭时也是越少越好，成卷较为粗大，馅料丰富。

（二）韩式紫菜包饭的制作

实训二十五　韩式紫菜包饭

实训目的： 通过教学，使学生了解并掌握韩式紫菜包饭的菜品特点，制作要领。

实训要求： 通过实操训练，使学生学会韩式紫菜包饭的制作，并能熟练操作。

实训原料： 熟米饭400克，紫菜4张，菠菜60克，胡萝卜半根，鸡蛋1个，牛肉馅30克，蒜末8克，白芝麻10克。

调味料：生抽5毫升，盐10克，芝麻油10毫升，黑胡椒粉3克，白糖1克，食用油适量。

实训学时： 1学时。

烹调工具： 砧板、西餐刀、竹帘、保鲜膜。

实训步骤： 1. 胡萝卜切条，加盐腌5分钟；洗净的菠菜去老根，切段焯烫；鸡蛋打成鸡蛋液，摊成蛋皮，切丝。

2. 牛肉馅加生抽、白糖、黑胡椒粉、蒜末、芝麻油拌匀入油锅炒熟。

3. 碗中加入米饭，再加入白芝麻、盐拌匀。入油锅炒熟。

4. 再放入芝麻油拌匀。

5. 将一张紫菜放在竹帘上，铺上少许米饭，在米饭的中间位置放上胡萝卜条、菠菜段。再将蛋皮放在米饭上，最后再放入适量牛肉馅。

6. 将紫菜卷慢慢卷起来，卷起竹帘，压成紫菜包饭，切成段即可。

注意事项： 制作紫菜包饭时，米饭一定要铺匀，这样做出来的成品才美观。

十一、部队火锅

（一）部队火锅的概念

部队火锅是韩国年轻人最钟爱的人气料理，部队火锅是朝鲜战争时期的产物，据说在朝鲜战争时期，物资特别紧缺，但当时的美军仗着自己家底厚，过期的火腿、罐头随手一扔，基地附近的居民拿回家放点辣椒酱、泡菜，弄成一锅汤，就形成了最初的部队火锅。

（二）部队火锅的制作

实训二十六　部队火锅

实训目的： 通过教学，使学生了解并掌握部队火锅的菜品特点，制作要领。

实训要求： 通过实操训练，使学生学会部队火锅的制作，并能熟练操作。

实训原料： 午餐肉100克，泡菜150克，圆白菜100克，大葱50克，香菇4个，金针菇50克，蒿子秆50克，泡面1袋，年糕50克，韩式辣酱2汤匙，白糖1茶匙，酱油1汤匙。

实训学时： 1学时。

烹调工具： 砧板、西餐刀、韩式锅。

实训步骤： 1. 午餐肉切块、圆白菜切块、大葱切斜薄片。

2. 香菇去蒂，顶部划十字刀；金针菇洗净，去尾部。

3. 平底锅底部先铺一层圆白菜，再在上面均匀摆放午餐肉、香菇、金针菇、蒿子秆、年糕、泡菜和大葱。

4. 将韩式辣酱、白糖、酱油加适量清水搅拌均匀，调成酱汁。

5. 将酱汁倒入锅中，加水，大火煮开。

6. 待水沸腾、蔬菜稍微煮软后，加入泡面，煮开即可食用。

注意事项： 午餐肉要多煮一会儿，让肉香充分散发出来。

十二、拌明太鱼丝

（一）拌明太鱼丝的概念

明太鱼主要分布于朝鲜半岛东岸及日本本州岛西侧中部以北、日本海、鞑靼海峡、鄂霍次克海与白令海周缘、到美国加利福尼亚中部以及北太平洋北部、黄海东部等海域。其鱼子经辣椒等香料腌制后，称为"明太子"。

（二）拌明太鱼丝的制作

实训二十七　拌明太鱼丝

实训目的： 通过教学，使学生了解并掌握拌明太鱼丝的菜品特点，制作要领。

实训要求： 通过实操训练，使学生学会拌明太鱼丝的制作，并能熟练操作。

实训原料： 干明太鱼150克，水芹20克，葱白50克，蒜泥5克，白芝麻适量。

调味料：辣椒酱10克，辣椒面10克，生抽3毫升，白糖8克，白醋5毫升。

实训学时： 1学时。

烹调工具： 砧板、西餐刀、大钢盆、盘子。

实训步骤： 1. 将干明太鱼切成丝。

2. 将明太鱼丝放入清水中浸泡。

3. 葱白洗净，斜切成圈；水芹去掉叶子，洗净切成5厘米长的段。

4. 将白醋倒入碗中，加入白糖，搅拌至白糖化开。

5. 将泡软的明太鱼丝取出，挤去其中水分，装入碗中，倒入白醋糖汁，拌匀。

6. 另取一碗，将蒜泥放入碗中，加入辣椒酱，再放入辣椒面。

7. 加入适量生抽拌匀。

8. 将拌好的蒜泥辣椒酱倒入明太鱼丝碗中，将其拌匀后加入葱白。

9. 放入水芹段，撒白芝麻，拌匀后装入盘中即可。

注意事项： 明太鱼干需撕碎一些，以方便食用。

十三、宫廷炒年糕

（一）宫廷炒年糕的概念

宫廷炒年糕是一种休闲小吃，又称打糕条，流行于朝鲜半岛，原是19世纪朝鲜王国的宫廷菜，韩国美食界对其的官方称呼为"宫廷炒年糕"，因其诱人的味道而广受欢迎。

（二）宫廷年糕的制作

实训二十八　宫廷炒年糕

实训目的： 通过教学，使学生了解并掌握宫廷炒年糕的菜品特点，制作要领。

实训要求： 通过实操训练，使学生学会宫廷炒年糕的制作，并能熟练操作。

实训原料： 白米糕300克，牛肉100克，香菇15克，南瓜干20克，洋葱50克，青辣椒15克，红辣椒20克，绿豆芽30克，鸡蛋60克，葱末10克，蒜泥8克。

调味料：芝麻油20毫升，盐4克，酱油30毫升，白糖15克。

实训学时： 1学时。

烹调工具： 砧板、西餐刀、平底锅、盘子。

实训步骤：1. 白米糕切段，加入芝麻油搅拌；牛肉切丝；香菇与南瓜干泡软、切条。

2. 洋葱、辣椒切丝；绿豆芽去头、尾，焯水备用；鸡蛋打匀，煎成蛋皮后切丝。

3. 锅注油加热，洋葱、南瓜干、辣椒、牛肉、香菇用芝麻油、盐、酱油、白糖、葱末、蒜泥炒熟。

4. 另起一锅，放入白米糕、水炒熟，加入炒好的食材混合炒匀，放上蛋皮、绿豆芽即可。

注意事项：年糕是糯米制品，切之前需在冰箱冷冻一下。

十四、朝鲜打糕

（一）朝鲜打糕的概念

打糕是朝鲜半岛著名的传统风味食品，是将糯米放到槽子里用木槌砸打制成，故名"打糕"。打糕一般有两种，一种是用糯米制作的白打糕，一种是用黄米制作而成的黄打糕。

（二）朝鲜打糕的制作

实训二十九　朝鲜打糕

实训目的：通过教学，使学生了解并掌握朝鲜打糕的菜品特点，制作要领。

实训要求：通过实操训练，使学生学会朝鲜打糕的制作，并能熟练操作。

实训原料：2杯糯米，2/3杯水，1/4杯黄豆粉，5汤匙白糖。

实训学时：1学时。

烹调工具：砧板、西餐刀、平底锅、擀面杖、保鲜膜。

实训步骤：1. 平底锅置小火上，放黄豆粉和2汤匙白糖炒香。

2. 煮熟糯米，加入3汤匙白糖搅匀，摊凉。

3. 工作台垫保鲜膜，把糯米平铺在上面。

4. 用擀面杖敲打糯米糕，边敲边洒水，直到看不见米粒，大约40分钟。

5. 把米糕切成喜欢的样式，在黄豆粉里滚一下。

6. 把少量黄豆粉筛在米糕上。

注意事项：打糕在制作时，捶打中途不能断，可以两人交替换班制作。

十五、韩果

韩果是韩国传统的点心，以米、面粉、坚果等作为主要材料，加点蜂蜜、麦芽糖使之变稠，下油锅炸一下即可。韩国人从很早以前便将大米作为主食食用，从大米发展而成的韩果既是婚葬典礼的供品，又是喝茶时不可或缺的点心。韩果根据制作方法的不同分为"油果""药果""正果""茶果"等。两端呈圆形，中间细长的油果以糯米粉为原料捏好后再下锅炸，最后撒上大米或芝麻等即是。油果中有一种被称为"徽子"的油果，与中式徽子不同的是韩式徽子用糯米粉制作而成，呈四方状。徽子油果和加入芝麻油、蜂蜜后炸出来的药果都是祭祀祖先时使用的供品。

实训三十　梅雀果

实训目的： 通过实训本品种，掌握梅雀果面团的调制方法，掌握排叉的炸制技术，糖浆的熬制技术。

实训要求： 能够熟练熬制梅雀果糖浆，能正确把握梅雀果质量要求。

实训原料： 面粉200克，姜20克，小苏打2克，泡打粉2克，鸡蛋50克，清水250克，白糖150克，蜂蜜20克，麦芽糖100克，松仁粉15克，盐2克，色拉油2000克（炸用）。

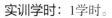

实训学时： 1学时。

烹调工具： 擀面杖、切刀、炸锅、奶锅、量杯。

实训步骤： 1. 熬糖：锅内加入清水200克、白糖熬化，开锅后加入麦芽糖、蜂蜜继续小火熬至糖液浓稠备用。

2. 调团：姜切碎，加入清水50克浸泡成姜汁，面粉中加入小苏打、泡打粉、姜汁、鸡蛋，揉成面团醒面15分钟。

3. 成形：用擀面杖将醒好的面团擀成1.5毫米的薄片，用刀切成宽为2厘米、长5厘米的长方形片，将小方片对折，中间顺切三刀，摊开从中间翻成生坯。

4. 炸制：锅内加色拉油，烧至130℃，放入梅雀果生坯，炸成浅黄色。

5. 裹糖：将炸好的梅雀果放入糖浆中粘裹均匀，捞出放入盘中撒上松仁粉即成。

注意事项： 1. 锅需先预热。

2. 掌握好粉浆的稠度。

3. 掌握好成形、成熟方法。

4. 包馅时如果面皮冷却后再包，就会很难包，而面皮太热，又会伤到馅料，所以一定要注意。

实训三十一　药蜜果

实训目的： 通过实训本品种，掌握药蜜果面团的调制方法，掌握药蜜果的炸制技术，糖浆的熬制技术。

实训要求： 能够熟练熬制药蜜果糖浆，能正确把握药蜜果质量要求。

实训原料： 麦芽糖350克，蜂蜜70克，水170克，姜片20克，白糖100克，色拉油50克，面粉250克，玉桂粉5克，炸油2000克。

实训学时： 1学时。

烹调工具： 擀面杖、橡皮刮刀、炸锅、奶锅、菊花蜜果模具、打蛋器。

实训步骤： 1. 熬糖浆：将清水120克、麦芽糖、蜂蜜、姜放入锅内，用橡皮刮刀搅拌均匀，中小火煮至沸腾，转小火煮5~10分钟后关火冷却。

2. 调制面团：将白糖、50克水放入碗中，用打蛋器搅拌到糖溶化，加入熬好的糖浆25克、50克色拉油充分搅拌乳化，放入面粉、玉桂粉，用橡皮刮刀采用翻拌法轻轻搅拌至无结块。

3. 成形：取20克面团放入模具中成形，取出放入盘中备用。

4. 炸制：将炸油倒入锅中加热至130℃，放入生坯炸至漂浮在油面，至表面变硬、表面成浅棕色时翻面炸，至棕黄色时捞出控油，趁热放入熬好的糖浆浸泡10分钟，取出控干糖浆装盘即可。

注意事项： 1. 炸制时油温不能太高，太高生坯容易裂开。

2. 翻面时要轻拿轻放，防止生坯碎裂。

3. 调制面团时油、糖、水要充分乳化，采用翻拌法调制面团防止面团生筋。

4. 浸泡糖浆时间过长，它会失去脆性（如果想要有嚼劲的蜜果可以浸泡半天至一天）。

？ 思考题

1. 韩国料理发展壮大的主要原因是什么？
2. 韩式宫廷料理文化的发掘和保护对中餐传统宴席的开发有什么参考价值？
3. 日本料理和韩国料理的不同之处在什么地方？

第四章
料理融合与变化

⊕ **学习目标** //

通过学习日本料理和韩国料理的饮食文化历史变迁，深入了解传统文化和现代文化对料理融合与变化的重大影响；分析日韩料理对中国餐饮行业的影响；掌握韩国泡菜文化和四川泡菜文化的联系和区别；学习生食文化对中国餐饮市场的影响与变革。

⬡ **内容引导** //

通过相关知识的学习，延伸课后学习内容，引导学生理解"烹饪是文化，是艺术"的深刻内涵，拓宽学生眼界，让学生了解世界饮食文化，形成正确的世界观；通过学习日韩餐饮文化对世界餐饮的影响，引导学生树立民族自豪感，形成开放、包容的世界观；通过日韩饮食特色带来的饮食变革，培养学生的探索、创新精神；培养学生的科学精神，遇事学会从科学和理性的角度思考、解决问题。

第一节　日韩餐饮文化对世界餐饮的影响

一、日式传统与韩式传承对现代烹饪的冲击

饮食文化是一个国家或地区人民的饮食习惯、生活习俗、生活状况、经济发展、文化变迁的重要部分。如何在发展过程中保留饮食文化的传统，如何在变革中把烹饪技术传承下去，在发展和融合过程中保留饮食文化的基础，是每个国家和地区饮食行业从业人员面临的重要问题。

日韩料理的饮食文化发展历史和进程是对传统与传承的最好解释。日本料理在发展和融合西式烹饪的同时，解决了饮食文化的传统与现代烹饪相融合的问题；韩国料理在历史和社会变革中解决了在保留传统饮食文化的基础上如何包容其他国家烹饪技术的问题。

1. 日本料理对传统饮食文化的融合

纵观日本料理发展和变革历史，都是和社会发展、经济、文化的变化息息相关。传统的日本料理饮食习惯形成很早，但是真正代表日本料理的时期是日本江户时代，这一时期才是日本料理真正传统烹饪文化的开始。日本料理的传统饮食文化的代表是"怀石料理"和"割烹料理"，也是现在日本料理的基础。明治维新开始近代日本史，日本料理人就逐步开始区分中华料理、西洋料理、和食料理。在社会和历史变革中，饮食习惯也受经济影响开始变化。油炸、食用牛肉、法式咖喱等西式的烹饪手法和烹饪原料的传入，不断地影响日本人的饮食餐桌。可是日本料理人的职业、匠心精神，在保护传统饮食文化和日本生活习俗的基础上，开创出以融合的方式去接受新烹饪方法和新烹饪原料，并且在融合、变革中把西式和中式的烹饪逐步改变为日本人自己的食物。

比如，可乐饼、日式咖喱、炸天妇罗、日式猪排、日式拉面等这些都是现代餐饮形式下，出现的日本料理菜肴。

可乐饼：源自法式烹饪的法式炸肉饼"croquette"，明治时期日本经济并不富裕，没有太多的肉馅，日本把土豆泥添加进去，结果深受日本大众的喜爱（图4.1）。

日式咖喱：现在是能与印度咖喱、泰国咖喱三分天下的主要咖喱风味，其原因就是日本料理师大胆地融合进日本人习惯的香料调味品，使日式咖喱能被广大的日本人接受，至于咖喱本身的风味已经被日本料理融合得完全看不见了，只有咖喱的烹饪技法和名字被保留下来，但是被完全融合成日本料理的咖喱，并且成为日本的国民美食代表之一，现在许多中国人也非常喜欢日式咖喱，接受程度远远超过印度咖喱（图4.2）。

日式炸猪排：1895年才出现的这道菜肴现在是日本料理的精品菜肴。法式煎炸猪排的方法被日本人用天妇罗的油炸方式取代，变革烹饪手法后味道比法式传统技艺烹饪出得更佳（图4.3）。但是日本人的融合绝不是简单的取代、变革烹饪方式，他们以自己喜爱的传统食物卷心菜丝融合西式的酱汁

图4.1　可乐饼

图4.2　海鲜咖喱

来制作沙拉，并把菜肴搭配米饭和日本味噌汤食用。这款菜肴的变革、融合、发展和创新就是日本料理保留饮食文化传统的典型。

日本料理在传统饮食文化的融合中采用的手段一般都是：先接受、变革，再找出自己饮食习惯能接受的去融合和发展，最后是创新，最终发展为自己的饮食文化代表。比如，炸制肉类的手法被法国人带到日本，当时的社会又开发肉食，可以有多余的油脂炸制肉类食物，因此可以接受新烹

图4.3　日式炸猪排

饪原料和手法；然后再找出适合日本人喜欢的搭配米饭和日本的酱油汁来替换西式的酱汁；最后是融合西方烹饪的营养健康搭配的沙拉，用日本人喜爱的莲白菜丝替换沙拉，创新融合出一款能搭配生食蔬菜的日式沙拉酱汁（用芝麻油、熟芝麻、芝麻酱、胡萝卜、甜橙、番茄、洋葱、芹菜、柠檬等，替换掉法式马乃司汁）。可以说西方的生食蔬菜的营养烹饪手法进入东方后，沙拉里面唯一能够被广大东方人接受的就是日本人，因为他们融合创新后打造了一款日式沙拉酱。传统的米饭、味噌汤，搭配西式烹饪方式的油炸食物，配合营养与健康的沙拉一起食用，既是饮食文化的发展又是饮食文化的传承，二者完美地结合一起。

2. 韩国料理在传承饮食文化过程中的包容

再看看韩国料理的饮食文化的传承过程中的包容。韩国料理短短500年，真正的形成是在朝鲜王朝的宫廷料理。按理说精美的宫廷料理不会随着社会的变革流传不变，可是韩国料理人就做到了饮食文化的传承。在朝鲜王朝时期的宫廷料理熟手、料理尚宫就懂得记录和传承烹饪的方法和技巧。比如，朝鲜王朝时期（1795年）编写的《园幸乙卯整理仪轨》，就详细记录了朝鲜正祖大王从昌德宫前往水原华城再返回宫中的全程为期八天的所有筵席菜单，并且包含日常膳食的内容均有详细的记录。朝鲜王朝宫廷的各种庆典、仪式中的宴席都有专门的人负责记录和保存。当时的朝鲜宫廷就有专门负责训练宫女和熟手的地方，并且由负责的专业料理尚宫负责教习，可以说是专业烹饪学校。现代的韩国料理也是严格按照标准在传承饮食文化，宫廷料理由曾侍奉朝鲜王朝的韩熙顺厨房尚宫传授给黄慧性宫廷料理传承人，目前的传承人是韩福丽和郑吉子两位师傅。

从韩国料理的发展历程中可以看到，在韩国旅游发展观光局的大力推动下，韩国传统宫廷料理的传承有序，并且形成了非常系统的文字记录和专业的宫廷尚宫培训，从菜单、菜肴、烹饪方法、烹饪原料都有系统的记录和培训，目前还开发有历史传承下的韩国宫廷料理，使游客能够充分地体验和了解韩国美食文化。游客可以用五感体验韩国宫廷料理和文化；可以体验传统文化和宫廷料理美食交流；可以体验传统韩式风味与现代韩式料理品味结合；可以体验庆州崔氏大富贵族的300年传承；游客可以在正宗的有历史传承的韩国宫廷料理餐厅里面，深刻地感受韩国美食文化，体验宫廷料理的精髓。

韩国料理在发展和传承饮食文化过程中，还经历了社会的变迁和其他外来饮食文化的侵袭，他们在料理的发展和变革中始终保持包容之心。在坚持自己的饮食文化习俗上，坚持传承有序，但是也不排斥，用包容、变革、发展、传统的方法，既保留下传统饮食文化，又包容留存其他饮食文化，逐步形成自己的特色韩国料理。

比如，韩国刺身、紫菜包饭、韩式泡面等。

韩国刺身：源自日本料理文化的侵袭，但是拥有丰富海产品的韩国人，以包容的心接受了刺身文化，却坚持自己的传承和保护自有烹饪文化，变革出具有韩国特色的刺身。日本刺身注重分割和摆放，韩国人忽略日本料理的精髓，开创出能体现韩国人喜爱的摆放排场的习俗，使用大型餐具装盘，下面垫碎冰，既大气又显得豪爽，分量感十足，与传统日料的精细分割分庭抗礼。在保留韩国传统饮食文化上，包容日本料理，留下刺身食用习惯，包容进韩国料理的五色文化和摆放排场，充分体现韩式宫廷料理的奢华与排场，注重用餐礼仪。

紫菜包饭：这也是日本料理的寿司文化最高端的料理发展成为简单的快餐，用日本寿司的制作方法和工艺，包容下自己的一切美食。在韩国有个说法，紫菜包饭是一切皆可"包"，高端的海鲜类食材、中档的肉类食材、低端的蔬菜，甚至是泡菜都可以包进紫菜包饭。既符合当时特定的时期，社会环境的影响，也符合现行快节奏的生活习惯，最重要的是符合经济发展下人民的需求（图4.4）。

韩式泡面：最早接受日本人发明的方便面的是韩国人。韩国人发现简单、快捷的方便面适合自己的生活节奏，但是味道却一般，勤劳的韩国人在食用方便面的同时，开创性地包容进去自己的铜锅文化。他们用传统韩国料理的铜锅煮制方便面，再加入自己喜爱的泡菜、蔬菜、牛肉等，开发出几十种不同的煮制方便面的搭配方法，甚至专门制作了小黄铜锅来煮方便面（图4.5）。不直接反对日式快餐文化的产物方便面，还去包容它，为它开发新的烹饪锅具，开发新的搭配食材，这就是韩国料理人对传统饮食文化的传承，却包容其他饮食文化，最终发展成具有自己民族特色的料理文化。

图 4.4　紫菜包饭　　　　　　　图 4.5　韩式泡面

3．中国现代餐饮行业的传承与传统的保护和发展

当今社会历史时期下，如何在传承与传统、保护和发展中，应对中国餐饮行业的变革是中国餐饮从业人员面临的巨大机遇与挑战。

在新的经济形势下、新的饮食习惯的变革下、新的烹饪工艺的冲击下、新的饮食市场变化下，如何把握机遇，在坚持中国特色餐饮文化下，既要有对历史的传承与传统烹饪工艺的保护，又要有新的烹饪饮食发展，才能把握中国的餐饮市场。必须看到日韩料理发展过程中的优势：在不断的融合与包容中，把握自己的传统饮食文化，在传承饮食文化和烹饪方法以及烹饪原料运用上，不断地接受、变革、融合、包容、发展，最后形成独立的饮食文化特色。

4．未来餐饮形势变化

在大数据时代背景下、互联网加时代、网络销售发展时代，社会经济不断发展，人们的生活水平也在逐渐提高，可是快节奏的工作压力和消费方式也会产生巨大的变化。人们缺乏时间去精细地烹饪一道菜肴，由于消费的观念不断转变，人们在外就餐的频率也逐渐加快，餐饮消费更趋于理性化，新形势下，未来餐饮行业会在传统饮食、现代饮食、快餐饮食、融合饮食、预制饮食等方面发展。

一部分消费者会倾向于高端的传统美食和现代高端饮食，在餐厅菜肴味道和文化气氛上追求美食与文化诉求；一部分消费者倾向于简单、快捷的快餐饮食，在快速、便捷、价廉物美上追求基本生活水平；一部分消费者倾向于现代感的融合餐饮，在餐厅格调、风格、用餐环境、美食意境上追求享受；一部分消费者倾向于家庭风，追求自由发挥，能够有简单的烹饪方式和便捷的制作结合的家庭制作预制菜肴。

对传统饮食文化的传承，目前餐饮行业态度浮躁，各大烹饪院校普遍注重工艺操作，而轻视了饮食文化理论的研究，从而导致饮食文化不能很好地渗入到烹饪教育中，对烹饪教育不能产生积极效应。人们常说烹饪是文化、烹饪是艺术、烹饪是科学，其实根本上来讲烹饪就是人们对生活的追求。在不同的时期、不同生活习惯下、不同的经济水平下、不同的需求下，人们对美食的追求是会不断变化的。就像宋太宗赵光义问翰林苏易简"食品称珍，何物为最？"苏易简回答："物无定味，适口者珍。"美食在不同的人群、不同的需求下，味道有不同，只有一个基本原则，喜欢的就是好吃的。我们国家应当借鉴日韩料理发展的历程，找出中国饮食文化的精髓，整理传统饮食文化，特别是道教、佛教饮食文化，大力发展和开发地方特色餐饮文化的发掘和转化工作，弘扬民族饮食文化，吸收西方优势烹饪方法和饮食理念，在营养健康、美食文化上，走融合和发展变革之路，在不断地改善中国膳食结构上，对烹饪方法、烹饪工艺、烹饪营养、烹饪艺术、烹饪科学的基础上，逐步发展壮大成为具有中国特色的饮食文化。

二、日韩料理的融合与变化

日韩料理是日韩饮食文化的体现。随着全球经济文化的融合与发展，日韩料理的烹饪理念、烹饪方法、饮食文化等也都在不断地变化，形成新的融合料理特色。

（一）日本料理的融合与变化

日本人自古以来对海外的饮食文化就抱有积极和包容的态度，并善于不断取长补短，积极创新，从而精炼出了符合自身喜好的饮食风格。因此，日本料理的发展之路，也是日本料理的融合与变化的历程。

1. 日本料理融合变化之路

（1）日本传统料理的发展与融合　在平安时代初期，在吸收中国饮食文化精华的同时，日本饮食文化也逐步得到了发展。如唐朝时引入日本的炸鸡块演变为日本料理的鸡肉唐扬（唐揚げ），油炸点心演变为唐果子（唐菓子），甜咸的红烧手法演变为日本的唐煮（辛煮），中国风味的纳豆也逐渐被人们接受（图4.6）。

镰仓时代受中国宋朝的影响，大乘佛教的禅宗得到推

图4.6　中华纳豆

崇，同时禅宗僧人进食的素食料理——"精进料理"作为料理流派得到广泛认同，豆制品仿荤食物（がんもどき）及食品加工法也随之传入了日本。由于精进料理的影响，大豆加工技术和蔬菜料理方法得到了飞速的提高，豆腐及豆制品作为重要食材以多种形式体现在料理中，对现代日本料理的形成起了决定性作用。

室町及安土桃山时代，以南欧人进入日本为契机，日本饮食又与蜂蜜蛋糕、葡式甜点、天妇罗等欧洲饮食文化擦出了火花。

在江户初期开始闭关锁国后，日本与西方各国的交流窗口被限制在了长崎出岛，但即便如此，好奇心旺盛的日本人还是以包容的姿态，接受了被允许留日的荷兰人、中国人的饮食文化，将用日本食材及调味料烹饪异国美食作为一种乐趣。江户时代的京都、大阪、江户为中轴，经济繁荣辐射到全国各地。货币经济渗透到农村，四木（桑树、漆树、桧树、楮树）和三草（红花、蓝花、桑棉）等商品作物被广泛种植，渔业、盐业技术得到提高，手工业、纺织业飞速发展。高级绢织品西阵织（西陣織）的成名，著名日本酒产地滩五乡（灘五郷）、伊丹的形成，著名陶瓷器产地有田烧、濑户烧的发展，都体现了江户时代经济的繁荣。当时关西的京都、大阪人口达到40余万，关东的江户人口达到100余万，连接关东与关西的东海道则成为了经济大动脉。随着经济的发展，日本料理也得到了前所未有的发展。料理手法和内容得到极大丰富，面向普通百姓的天妇罗（天ぷら）、寿司（にぎり寿司）、荞麦面（蕎麦）（图4.7）、偶拖（おでん也称关东煮）（图4.8）等代表性美食以大排档形式出现，牛肉等肉类开始普遍食用。

图4.7　荞麦面条　　　　　　图4.8　关东煮萝卜

与此同时，由于文化和口味的不同，关东与关西作为不同的流派都对现代日本料理的最终成形起到了至关重要的作用。关东地区发明的浓口酱油被广泛用于食品的着色和调味，用鲣鱼（木鱼、柴鱼）制作的鲣鱼干（鰹節）刨出鲣鱼花（木鱼花、柴鱼片）或使用昆布提取出汁的技术近趋完美，随着砂糖产量的提高，甜点小吃被广为接受，陶瓷的彩绘食器得到了普及，烹饪技法也有了大幅提高。

这些都标志着日本料理已经逐步脱离中国的影响，演变为真正意义的日本料理。

人们开始重视"旬""鲜"的概念，新鲜的应季食材即使价格高昂也会备受推崇。此外，将有当地特色的豆类、薯类加糖制成的甜点（きんとん），鱼肉加工品的蒲鉾等作为礼物（おみやげ）带给亲朋好友逐渐成为一种风俗延续至今。江户料理与本膳料理、怀石料理不同，完全发自民间。既有面向富裕阶层的高级会席料理，又有面向百姓价格实惠的荞麦面、盖饭等。以此为基础，形成了现代日本料理的各种食文化。

　　关西的京都、大阪作为传统的古都，料理中不但蕴含了丰富的文化氛围，而且深受宫廷的大飨料理，寺院的精进料理所影响。同时以安土桃山时代茶道名家千利休为起源的茶怀石料理也得到了进一步的精化。关西地区的料理被称为上方料理，也称为"关西割烹"。大阪作为江户时代经济、物流的枢纽，不但集中了濑户内海出产的海鲜、海产品，还汇集了各地来的各类食材，号称"诸国的厨房"。尤其是通过日本海航路运来的北海道产的昆布深受喜爱，昆布的各种加工工艺对食文化的形成起了重要作用。其中最关键的就是以昆布为原料的出汁的定型，奠定了现代关西风味日本料理的基础。京都属于盆地地带，水质好并盛产蔬菜（京野菜）、大豆等农作物及豆制品等加工品。

　　因此料理讲究的是原汁原味，用清淡的调味方法最大限度发挥食材本身的鲜美。由于离海较远，新鲜的海产品比较匮乏，因此经过加工适合长期保存的箱寿司（押し寿司）（图4.9），以晾晒后的干海产品，生命力较强的海鳗（鳢鱼）等作为食材的料理非常盛行（图4.10）。上方料理汇集了京都与大阪的精华，同时与关西地区出产的日本酒，京都的京漆器及周边出名的陶瓷器制作的精美食器完美地融合，逐渐形成了既可品尝又饱眼福的食文化。

图 4.9　箱寿司　　　　　　　　图 4.10　蒲烧鳗鱼

　　（2）日本料理的"日西融合"与发展　　每个国家都会至少经历过一次决定性事件或历史上的一些关键转折点，对于日本来说，那就是1868年的明治维新。明治时代起始于1868年。明治天皇即位后从德川幕府手中夺回了政权，将江户改名为东京，建立了中央集权制的国家体制。此后经过明治维新，日本完成了产业化和近代化。简单地说，明治维新标志着日本古老而复杂的武士氏族封建等级制度的终结，取而代之的是一个现代的民族国家。然而，现代日本诞生的最大转变，或许是这个国家从实行了200多年的封闭政策转向需要系统地引入西方文化和思想的战略——这一轰轰烈烈的现代化进程被称为"文明启蒙"。

　　19世纪中期日本传统文化与来自西方的新潮流相结合的结果。日本的美食也受到了同样的影响。

　　世界上很多地方都有吃肉的禁忌。在日本，吃牛肉的习俗很少见：在明治维新之前，已经有一千多年没有人食用牛肉了。这是由许多因素造成的，包括佛教思想的强大影响。随着西方文化的传入，牛肉被认为是西餐的重要组成部分，这种看法促使明治天皇在维新后不久将牛肉添加到他的餐桌上——这一决定反过来又导致那些拥护"文明启蒙"的人热切地接受牛肉。

　　明治五年（1872年），明治天皇食肉的消息突然被公之于众。明治政府打出向国民推荐肉食的口号，倡导普及西方饮食文化。其原因之一在于打造国民强健体魄的时代需求，这是富国强兵的根基所在。开放国门后的日本人，在与西方人的交往中倍感惊讶的是其出色的体格。当时认为，如果学习西方国家的饮食习惯，也就是说只要像他们一样以肉类作为日常食物，就能拥有像西方人一样强健的体魄了。在此风潮中，被认为营养丰富的兽肉和乳制品等动物性食品备受关注，而以此为食材的西式料理也逐渐为日本国民所认可。

明治时代受维新思想的影响，传统的本膳料理遭到冷遇，取而代之的是会席料理。同时随着佛教影响力的衰退，肉类开始被广泛作为食材，出现了牛肉火锅的寿喜锅（锄烧，すきやきsukiyaki）（图4.11）、日式土豆炖肉（肉じゃが）等具有代表性的日本料理。源于寺院的精进料理，与茶道结合的茶怀石料理则一直发展至今。

图 4.11 寿喜锅

另一方面，由于明治政府摒弃了闭关锁国政策，加强了与海外其他国家的交流，西洋料理被正式带入日本，并根据日本人的口味改良后被广为接受，如咖喱饭、意大利面等。此外，作为建立和谐外交关系的手段之一，需要对西方具有一定的了解，这也是日本急于接纳西式料理的另一大原因。开放国门后的日本有了更多举行西洋公使和要人晚宴及聚餐的机会，明治六年（1873年），法国料理被正式采纳为官方菜肴。

更有一些西洋料理法被融入和食后演变为现在有代表性的日本料理。如炸猪排、炸牛排、炸虾排（カツ），后来成为名古屋名物料理的炸大虾（フライ）等作为料理法被广泛应用到各类食材，并衍生出了不少各地的名物料理。还有此后的大正时代里中国的拉面被加以改良，衍生出了日本拉面（らーめん），铁板作为烧烤料理的工具演化出了各类铁板烧烤料理。

在饮食习惯方面，随着桌子（ちゃぶ台）的普及，传统家长制的每人一席的"膳"的就餐形式（铭々膳）转变为全家人守桌而坐的形式，使得就餐真正具备了家族团员，其乐融融的意义（图4.12）。

至此，日本传统料理经过与中国料理、西洋料理的融合，经历了饮食文化的改变与发展，最终成为现在的日本料理。

图 4.12 日式榻榻米

2. 日本料理的融合变化类型

日本料理的融合与变化，顾名思义，它基本上是一种既有日本料理元素，又有其他外国料理元素的特色料理。因此，这里的融合，是指在同一道菜肴中保留了两者风味特色优势，同时又有自身特点的特色料理。

大多数类型的日本融合料理都是将西方国家常见的牛排、汉堡和煎蛋卷等菜肴与日本食材相结合。这项融合变化的技术不仅在原来的菜肴中增加了日本风味，而且还改变了口味，以适应日本人的口味。日本人对这些外来的西式料理进行了大量的改动，基本上完全修改了它们原有的理念！因此他们现在认为的西餐与真正的西餐有很大的不同。它们自成体系，被称为"日式融合料理"。

如"Yoshoku（洋食）"概念的诞生。Yoshoku（洋食）是一个术语，指的是西式菜肴。它起源于明治维新时期，当时日本对现代化有巨大的需求。国家有一种需要西方思想才能在社会上进一步发展的心态，所以他们接纳了各种西方菜肴。不过当时很难买到外国的食材，所以只能勉强凑合，使用当地的食材。

很多时候，Yoshoku（洋食）经常用片假名写，因为它以西餐为特色。尽管它们看起来有些熟悉，但味道无疑是完全不同的。以omurice蛋包饭（オムライス）为例。乍一看，这omurice蛋包饭就像是一个普通的西式煎蛋卷，上面放着酱汁，但实际上它中间是包裹着炒饭的新式料理（图4.13和图4.14）。

图 4.13　日式蛋包饭 1　　　　图 4.14　日式蛋包饭 2

Wafu（和风）——日式风格的料理。虽然Yoshoku（洋食）指的是受西方影响的菜肴，但wafu（和风）通常意味着"日式"。自从接触西方文化以来，日本人就一直很有创造力。Yoshoku（洋食）的更高层次基本上就是wafu（和风），受洋食启发的菜肴被创造出更多的日本元素——使用传统的烹饪技术，更加注重当地食材的使用。

（1）日法融合料理　在烹饪方面，日本人与法国人有着长期而亲密的关系。如今，日本有成百上千的知名厨师在其职业生涯中至少有一次前往法国，在技艺高超的法国厨师手下工作。自20世纪60年代明治和大正时代以来，这种情况一直在进行。这些日本厨师将法国料理的独特风味和传统烹饪技术带回来，并将其应用到自己的菜肴中，最终成为日法融合美食。

在日本，一些著名的日法融合菜肴包括炸丸子、croquette（可乐饼）。

（2）日意融合料理　在日本随处可见的意大利面和比萨饼，注意它们可能不会是你在意大利吃到的那种。这里所指的"日本+意大利融合"，意味着它们的制作方式和材料都是为日本人量身定做的。意大利菜在日本非常受欢迎，以至于现在很容易找到直接来自意大利的重要食材。但是日本人非常有创造力——他们创造了意大利风味的菜肴，比如"naporitan"（ナポリタン）和doria，这更像是法国芝士焗烤菜而不是意大利菜。naporitan是日式风味的意大利肉酱面类型菜肴，doria是一种由米饭、番茄沙司和熟肉或海鲜炒匀后，上面放着一层层的奶酪和白酱盖面焗烤后制成的风味菜肴（图4.15和图4.16）。

（3）日墨融合料理　尽管墨西哥菜在20世纪80年代传入日本的时间要晚得多，但它在现在的日本融合菜中仍然具有强大的影响力。墨西哥米饭卷饼是一种日本风味的墨西哥菜，最初是为了迎合美军的口味而在冲绳岛推出的。当时日本人对墨西哥玉米饼和墨西哥卷饼等墨西哥菜感兴趣。很明显，墨西哥菜的味道与日本菜的味道大不相同。所以不要指望日本的墨西哥餐厅能迎合你的辛辣味蕾，因为它们几乎都是和风日式风格的。

图4.15 ナポリタン　　　　　　　　　　　图4.16 naporitan

（4）日中融合料理　在日本的融合菜中，影响最大的莫过于中国菜。中国人在日本历史上发挥了巨大的作用，所以自然他们对日本的饮食界有相当大的影响。从17世纪以来，第一个中国学者将他们的当地美食介绍给了日本。我们现在知道和喜爱的最著名的日中融合菜莫过于拉面（ラーメン）。它实际上起源于中国，但多年来，日本人结合了自己独特的烹饪风格和配料，创造了自己的拉面版本（图4.17）。Gyoza（饺子）也是日本人用自己的方式重新发明的中国菜。在日本，你可以买到各种各样的日中饺子，从水煮到油炸都有（图4.18）。

图4.17 日式拉面　　　　　　　　　　　图4.18 中华饺子

（5）日印融合料理　闻名遐迩的日本咖喱并非凭空而来。事实上，它的灵感来自19世纪末引入的印度咖喱。印度传统的咖喱又辣又刺激，但日本的咖喱味道远不及此。实际上恰恰相反。日本人更喜欢甜食，甚至他们的辣味也与印度菜不一样。因此，他们创造了自己独特的印度美食，在当今以各种形式出现。从甜咖喱到煎蛋咖喱，没有什么比得上日印融合美食了。

（二）韩国料理的融合与变化

韩国料理是指韩国的传统食物和制作技术。从复杂的韩国宫廷美食到地方特色菜肴和现代融合美食，它们的食材和制作方法丰富多样。许多菜肴已在国际上广为流行。

1. 韩国料理融合变化之路

米饭、面条、蔬菜、肉类和豆腐构成了韩国料理的主要食材。传统的韩国正餐以丰富的配菜为特色，搭配蒸煮的米饭、汤和泡菜（发酵的辛辣蔬菜配菜，最常见的是卷心菜、萝卜或黄瓜）。每顿饭都有配菜。芝麻油、大酱（发酵豆酱）、酱油、盐、大蒜、生姜和辣椒酱（红辣椒酱）等都是韩国美食的调味料。在冰箱出现之前，韩国人在冬天将泡菜和其他腌制蔬菜放在露天庭院地下的大型陶瓷容器中储存。这种方法在韩国的一些农村地区仍在继续。尽管很多居住在城市地区的韩国人在超市或露天市场购买现成的传统食品，但制作韩国美食仍需要大量的劳动。

（1）皇家宫廷美食 朝鲜王朝时代只有宫廷才能享用韩国皇室宫廷料理，烹制时间从几个小时到几天不等。主要调和菜肴的冷暖、温热、粗软、固体和液体，平衡菜肴的色彩。盛在手工锻造的小青铜盛器上，小盘子的特殊交替排列突出了食材的形状和颜色。在首尔市内的一些地方可以找到提供传统皇室宫廷料理的餐馆，每人收费高达240,000韩元（约合265美元）。随着电视剧《大长今》的上映，宫廷料理的人气大幅上升。电视剧《大长今》讲述了朝鲜时代出身卑微的少女成为宫廷御厨的故事。

奢华的韩国料理套餐菜单遵循传统惯例，包括米饭、汤、韩国泡菜、什锦腌菜（调好味的各类蔬菜）、锅物（炖菜）、蒸菜（蒸熟的菜肴）、烤菜（烧烤菜）、油炸菜、水煮菜、香煎的菜肴、生鱼片或生鱼菜肴、咸菜等。

除了菜单外，韩国料理套餐菜单还提供了以烤肉或豆腐为基础制作的各种菜肴的套餐，如白饭套、烤肉套餐、豆腐套餐等。这些套餐包括了很多食物，通常不能全部吃完，给人留下享受了一顿丰盛美食大餐的印象。这些菜的出现源于朝鲜王朝的贵族和上流社会。在朝鲜时代，一个家庭的社会地位决定了吃饭时用一个叫做有盖容器盛菜的数量。3道菜是平民的标准，尽管富裕的平民被允许提供多达9道菜。为贵族保留了10道或更多的菜，而皇帝的日常菜单，由11道单独的菜组成。如此大量的菜肴和呈现它们的方式是受到了韩民族传统的影响。在朝鲜时代，用餐时对铺张奢侈餐桌的重视是源于儒家思想。

（2）从佛教文化到儒家文化转变的饮食文化之路 佛教在公元4世纪首次传播到朝鲜半岛。在佛教盛行之前，韩国人喜欢吃肉，牲畜是宝贵的财富。随着佛教的传播，严禁捕杀动物和吃肉。到6世纪下半叶，佛教已成为整个朝鲜半岛的国教，人们吃肉的情况也已经很少了。这种近乎素食的饮食一直持续到13世纪上半叶。

蒙古人的入侵改变了这种饮食文化，朝鲜半岛在蒙古人的统治下持续了130年。他们新的游牧统治者的肉食文化对佛祖追随者的素食文化产生了广泛的影响。考虑到佛教禁止食用美味的肉类和保持健康的因素，朝鲜半岛出现了佛教传入之前存在的饮食文化。佛教禁止吃肉的戒律被废除了。即使在蒙古130年左右的统治结束后，肉食文化的根基仍在加深。这种饮食文化在新朝鲜王朝的统治下得到了加强。佛教被拒绝，儒家原则被采纳为新政府的支柱。佛教禁止吃肉的规定也被普通民众抛弃（图4.19至图4.21）。

图 4.19 蒙古烤肉

图 4.20 韩国烤肉

图 4.21 日本烤肉

15世纪初，朝鲜王朝的儒家文化兴盛起来。然而，仅仅因为允许公众吃肉并不意味着人们总是吃肉。相反，由于肉是一种宝贵的资产，它成为一种高级食物。作为一种有价值的商品，人们开发了以不浪费肉的方式明智地利用肉类开始烹调。从牛头到猪蹄，利用牛或猪的每一部位的烹饪技术都被开发出来用于烹饪。人们还开发了多种烹饪技术，如煮沸、烧烤、蒸煮、干燥、腌制。在今天的烤肉餐厅里还可以找到自朝鲜王朝以来发展起来的烹饪技术的积累，在其他地方是找不到的，儒家生活方式的深刻影响甚至会体现在一道菜上。

（3）饮料文化的变化　随着儒学的兴起和佛教的衰落，饮茶的习俗也逐渐消失。朝鲜王朝在政府、文化、经济等生活的方方面面都大力消除了佛教的影响。

随着17世纪朝鲜王朝的开始，以僧侣和贵族为中心的特权阶级没落，茶叶的种植和生产等各方面都迅速衰落。今天，我们看到了一种早已放弃喝茶的生活方式，这就是输给了儒家思想的结果。

太阳茶、玉米茶、小麦茶、大麦茶等多种茶在家庭中被用作药用，但儒家思想的负面影响似乎对韩国的饮料也产生了影响。

儒家思想重视孝敬父母、尊敬师长、忠于师父，所以要先为父母长辈奉上美味的食物，然后才是自己。礼貌要求即使一个人没有足够的食物给自己，也必须为客人提供大量的精美食物。这种普遍精神虽然有些褪色，但一直延续到今天。这一点在现在的韩国饮食文化中是显而易见的，在韩国菜单上菜肴的数量和种类上也明显与此相关。由此可见韩国饮食文化与儒家文化有着密不可分的联系。

（4）烹饪与食药同源的信念　韩国料理的根本理念是食物具有药用价值。在韩国，水果、调味料、矿泉水、酒等各种食品和饮料都有药用价值。早在儒学的传入和传播之前，这种对食物正面和负面影响的强烈信念（基于对阴阳的自然力量以及木、火、土、金、水五种元素的信仰）就已经根深蒂固。韩国人相信健康是通过在饮食中摄入等量的天然绿色、红色、黄色、白色和黑色（代表五种元素）成分来实现的（图4.22）。

图4.22　五色年糕

在现代韩国人的生活方式中，仍然可以看到这些信仰在烹饪中的表现。很明显，这些信念在一道韩国料理的菜肴中得到了应用，这就是混合米饭。它通常在餐厅供应，将肉、鱼和蔬菜煮熟并放在米饭上。这道菜能清楚地显示出五种基本的颜色。总之，健康烹饪意味着每一餐都应包括大自然的所有馈赠。

攒盒，被称为朝鲜王朝的宫廷御用菜，呈现了九种不同的成分。在其他八个部分中的每一个中都放置了单一菜肴，每种菜肴都可以是绿色、红色、黄色或黑色。这道菜的食用方法是，将周围八个部分中的每一种食物放在中间部分的可丽饼（由一种薄薄的油煎小麦混合物煎饼制成）上，然后将可丽饼包成足够小的尺寸，以便一口吃完。由于数字"9"是一个吉祥的数字，因此这道菜常常会出现在喜庆的庆祝场合的活动菜单中。

韩国料理的正餐基本结构是以米饭为主。在传统的"饭桌"上，米饭是装在单独的碗里端上来的。在饭碗的右边，通常有一碗单独供应的汤。汤匙和筷子放在汤的右边；勺子用来盛饭和煲汤；筷子用于其他菜肴。通常家庭中最年长的人坐在桌子的最前面，而年轻的家庭成员则坐在桌边。此外，适当的餐桌礼仪要求坐在餐桌旁的人等到长者或餐桌的负责人吃完第一口后才开始用餐。因此，可以看出韩国料理的正餐结构依赖于等级制度。

（5）种类繁多的配菜变化 另一道特色鲜明的菜肴是配菜。虽然作为小菜或配菜，但它也可以理解为类似西餐开胃小菜或地中海开胃小拼盘。配菜通常是用调味料、发酵或炒菜烹制的蔬菜或肉类组成。这些配菜放在桌子中间，直接从各自的盘子里吃掉。菜肴种类繁多；它们可以是简单的腌萝卜，也可以是豪华的腌制生蟹。大蒜、米醋、芝麻油、酱油、辣椒粉等调料的不同配菜组合是韩国料理的基础，由此可以转化为各种融合菜式。

虽然这些不同的配菜种类繁多，但它们都是米饭的美味搭配。例如，炖牛肉、腌蟹和烤鱼等肉类菜肴被认为比黄瓜沙拉和菠菜沙拉等素食菜肴更"奢华"。在像宴会这样的特殊场合，韩国正餐里包括种类繁多的各类配菜。类似西餐中的各类煎饼几乎可以是任何东西，比如肉或蔬菜加面粉、鸡蛋捣碎，然后油炸。另一个比较典型的菜肴是炸生鱼片，它是将鱼片裹上面粉、鸡蛋，然后在平底锅中煎炸。同样的方法也适用于西葫芦和红薯等其他食物，主要是为特殊场合准备的，类似西餐的油炸小吃。其他类型的煎饼也是用面糊做的，里面装满了泡菜、土豆甚至海鲜等蔬菜。而另外一种特别的菜是用甜酱油腌制的短排骨，和土豆、胡萝卜一起炖的炖菜。

（6）韩国的泡菜文化 韩国的文化具有极强的包容性，在饮食文化方面体现得淋漓尽致。因此韩国料理和其他国家的菜一样，也在不断发展、融合和变化。虽然传统的韩国正餐容易通过米饭和配菜的简单构成来识别，但是随着韩国经济发展和全球化发展的趋势，韩国料理也越来越融入更多新的变化。

韩国料理的基本结构是由泡菜和米饭两种基本元素组成的。这两个元素是韩国料理的基石，然后再用其他的配菜如发酵豆制品、煮熟的蔬菜和炒肉等一起组成。泡菜也是一道配菜。虽然泡菜有很多变种和类型，但它通常是用辣椒酱和辣椒粉调味的辛辣发酵卷心菜制成。然而，泡菜不同于其他配菜，因为它始终是一顿饭的主食。一旦基本的米饭和主要的配菜泡菜放在桌子上，基本的韩国正餐就完成了。这种组合通常被理解为"穷人的饭菜"。随着配菜的增加，这顿饭变得更加复杂和"豪华"。有些配菜的价值高于其他配菜，这取决于它是由什么材料制成的。韩国料理的结构是由几个元素组成，但主要以大米和泡菜为主食，泡菜被认为是一顿饭必不可少的一部分：没有它，任何一餐都是不完整的。归根结底，韩国泡菜在全球范围内是韩国料理的延伸，同时也是韩国料理整体的代表。

（7）韩国的快餐文化 麦当劳在韩国的引入并没有改变韩国文化或使韩国料理更"西方化"。相反，他们将"西方化"变成了更适合韩国人的东西，从而更"本土化"。这种"全球本地化"的韩国饮食风尚体现在流行的街头食品中，如奶酪玉米热狗、辛辣食品上的奶酪和鸡蛋三明治。在韩国，这些常见的街头食品是美国和西方食品的韩国演绎，如玉米热狗和早餐三明治。

另一个例子可以在流行的菜肴中看到。在英语中翻译为"陆军基地炖菜"。起源于朝鲜战争后的20世纪50年代，是一种辛辣风味的炖菜，由罐头猪肉、维也纳香肠和美国奶酪等美国食材制成，与泡菜、韩国辣椒酱和拉面一起慢火煨炖制成。虽然这种炖菜的起源发生在韩国和美国之间的食物、战争和跨文化互动的交汇处，但陆军基地炖菜现在已成为美国和韩国的主食。之所以如此突出，是因为它与韩国历史上的一个关键时刻——朝鲜战争有关。考虑到陆军基地炖菜起源是由美军赔款制成的，可以看出这道菜如何被理解为原始的"韩裔美国人"菜肴。

2. 韩国料理的融合变化类型

（1）韩墨融合料理 在韩国，对于任何你能想到的墨西哥菜，如墨西哥玉米卷、墨西哥玉米煎饼、墨西哥辣肉馅玉米卷、鸡肉青豆玉米饼等都可以加入韩国食材，变成韩式墨西哥融合菜式。如韩国炸玉米饼就是一种融合了典型的融合风味食物。它采用了韩国风味的食材如韩式烤肉制成，并在上面放上韩国泡菜。

这些韩式炸玉米饼的制作方式与常见的炸玉米饼相似，但带有韩国风味，也保留了一些拉丁传统风味，比如使用墨西哥薄卷饼皮，顶部加上墨西哥番茄莎莎。肉类采用韩国烧烤肉类方式制作烤肉卷饼、烤牛肠卷饼，另外融合变化用炒泡菜代替传统的墨西哥番茄莎莎，带来酸爽开胃的韩国发酵味和韩国烤肉风味，这样的结合，使玉米饼加上拉丁酱、韩国辣酱，不论是韩国人或是外国人，都爱不释口。

（2）韩意（法）融合料理　从韩国特色食材韩国烤肉、泡菜、五花肉与法餐、意餐融合，如意大利面、比萨和食材原料的融合。泡菜奶油芝士意面、泡菜乌冬面或泡菜奶油意大利面。这类意大利面菜肴，基底是意大利面食，通常是通心粉或意大利面，上面撒上由泡菜、辣椒粉等韩国香料和奶油混合而成的酱汁。例如，最畅销的菜肴之一是泡菜乌冬面，这道菜之所以如此出色，是因为以乳制品为底料的酱汁可以降低发酵卷心菜的刺鼻味道，同时也降低了它的辣味，使其更适合非韩国人食用，使得泡菜乌冬面的风味变得鲜活起来。成菜时，酱汁和面条混合在一起，形成平衡的浓郁和辛辣风味，但也有丰富的奶油味，味美适口。

（3）韩美融合料理　快餐、炸鸡连锁店的成功案例——韩国炸鸡"肯德基"料理中，体现了韩国流行音乐和韩国文化的作用。具体地说，是一部韩国电视剧，提升了这款美食的人气。2013年，在人气电视剧《来自星星的你》中，全智贤饰演的主角经常吃炸鸡、喝啤酒。因此，韩国人将这种美味的组合命名为"啤酒炸鸡ChiMaek"（鸡肉和啤酒的简称）。这部韩剧对吃鸡肉和啤酒的流行风潮影响很大，可以说这部韩剧是一个改变炸鸡消费方式的文化时刻。这种组合销售和消费模式反映了韩国流行文化的流行趋势（图4.23和图4.24）。

图4.23　韩式炸鸡1　　　　　图4.24　韩式炸鸡2

（4）韩日融合料理　韩国和日本料理的融合是顺理成章的。两国地理位置靠得很近，有许多相似的食物，很容易相互交流，味道也很好吃。其中比较有特色的是以泡菜和奶酪制作的韩式炸猪排（面包屑炸猪排）。

（5）韩希腊融合料理　希腊菜像地中海菜一样丰富多彩，由于受到许多其他国家烹饪影响而具有独特的风味。烤肉希腊沙拉是比较突出的融合菜肴，鲜亮的味道与深色咸肉搭配完美，以卷饼形式，无论是香辣烤鸡还是韩国烤肉，都放在一块折叠的卷饼皮里，上面放着红洋葱、西红柿和一点希腊黄瓜酸奶酱，味道超棒。

第二节　日韩饮食特色带来的饮食变革

一、韩国泡菜与四川泡菜的发展和变化内容

　　四川泡菜在制作上讲究浸泡，是真正意义上的"泡"菜，它的精华在于各类蔬菜通过密闭环境内泡菜水的浸泡起到乳酸发酵的作用，从而生成泡菜独有的风味和口感，这种口味是较为单一的。由于需用泡菜坛，所以其乳酸发酵过程是纯厌氧型的（图4.25）。韩国泡菜在制作上讲究腌渍为主，有点"腌"菜的味道。它的精华在各类腌制调料十分丰富，配比合理，共同起到乳酸混合发酵的作用，从而生成韩国泡菜特有的风味和口感，这种口味是多味复合的。由于只需用泡菜缸不必密闭，因而其乳酸发酵过程是兼性厌氧型的（图4.26）。

图 4.25　四川泡菜坛

图 4.26　韩国泡菜

　　"世界泡菜看中国，中国泡菜看四川"，四川泡菜产量销量均居全国第一.四川泡菜产品已远销美国、欧盟、澳大利亚、加拿大、日本、韩国等近30个国家和地区，深受国外客商和消费者喜好。为更好地推动四川泡菜产业的发展，围绕"日韩中国泡菜现状及发展趋势，四川泡菜特色与产品、历史与文化、营养与健康，四川泡菜国际化发展方向"等内容展开了高水平高层次的研讨，掀起了四川泡菜的研究热、开发热、标准热、品牌热、扩能热。

　　2013年韩国泡菜申遗成功，又将韩国泡菜文化推向了国际舞台。韩国泡菜不仅种类丰富，制作工艺也在不断改进，其营养价值也已得到科学认证，因而获得"未来的食品"的称号。韩国人通过一种餐桌上的辅佐食材打开了经济发展的又一扇大门，并以饮食文化的方式逐渐将泡菜渗透到全世界。泡菜在中国起源，但被韩国申遗成功。反观韩国泡菜申遗成功的事实，我们可以发现韩国将一种文化元素融入韩国的泡菜中，把文化特色发扬光大，并且在国民间也有高度的认同感，并可以长久地保留承下去。随着生活水平的提高，大众对饮食的要求逐步提升，拥有"kimchi""辛奇"以及"ALZZABEGI（优选）"等特有标识的韩式泡菜也不断推陈出新，全新概念的泡菜衍生品也陆续被开发。在饮食行业，泡菜被加工成不同形状的小菜，作为其他主食的搭配材料。泡菜比萨、泡菜意大利面、萝卜块泡菜沙拉等各种韩国特有的新式安全美食也应运而生。为了适应核心家庭方便携带少量的泡菜的要求，在光州泡菜大庆典中，各个团队通过比赛形式推出了方便携带而又造型独特的泡菜容器。泡菜的商品化是传播泡菜文化较为理想的方式，而泡菜的商品化需要一定的载体，以泡菜为主题的玩具、假面具等相继出现，以泡菜制作原材料为角色的泡菜故事也被推出并被

大众所接受。在让人们产生共鸣的泡菜主题公园——Making Zone中，人们可以亲手制作泡菜，而在展示有多样的泡菜制作原料的展示厅内，人们可以通过视觉感受加深对泡菜制作原料的印象。为了增强泡菜文化的活力，泡菜博览会运营提案也被提出。泡菜博览运营提案会旨在让游客们亲身体验和观摩泡菜的原材料的科学化的生产过程，以及韩国全国不同地方泡菜生产过程，最终达到弘扬泡菜文化的目的。

此次韩国泡菜文化、日本和食申遗成功，我们也受到启发，作为申办主体，今后将加紧申遗规划、调整申办思路、收缩申办范围。泡菜在韩国具有如此高的地位和影响力，一方面，在某种程度上说明韩国美食种类不多，另一方面也说明韩国能物尽其用，善于保护和宣传传统特色文化。中国饮食在世界上有广泛影响，中国烹饪是美食的一部分，要更多地从文化角度去考虑烹饪技艺和产品。多讲美食背后的故事，而不是仅仅停留在味道与工艺层面。中国美食具有文化多元性，在多元文化方面寻找美食给人们带来的和谐和共识，中国传统文化通过美食有广泛的传承，这种文化的延续是人类共同的财富。中国泡菜饮食文化更应通过借鉴和吸收他国饮食文化传播中的成功经验来更好地发展我们的饮食文化，取其精华，去其糟粕，让中国饮食文化站在一个新的起点上，更好地走向世界。

二、日韩生食饮食文化对中国餐饮行业的影响与变革

韩国饮食文化中基本上以煮和烤为主，还有一部分是生吃。这正是韩国饮食文化的特点中的一部分，这种料理方式在很大程度上保持了食物本身的营养，并大大节省了能源的消耗，减少了对环境的污染（图4.27）。

图 4.27   韩国常常生食的蔬菜

在韩国，很大一部分蔬菜都是生食的，但并不是所有的蔬菜都适合生食，它和农业的环保发展有着密不可分的关系。生食所需要的蔬菜种植必须是有机种植。生的食物最大限度地保留各种营养素，促进人体新陈代谢正常化，除去各种废弃物，帮助预防糖尿病、癌症、肥胖、便秘等成人疾病，恢复并能维持健康。因此，生食是天然、健康的饮食方式。而韩国饮食中的生食习惯，就是基于韩国农业科学的发展和严格的管理，这种良性循环的方式对国民的身体及生活产生了很大的影响。

现代韩国家庭经常能看到一个家庭中有4个以上平底锅，这证明了现如今的家庭中油煎食物要比用笼屉蒸出的食物更多。由于20世纪以后引入了很多西方和中国的烹饪方法，且食用油的价格也逐渐降低，因此无论是日常饮食还是宴请饮食，用食用油在平底锅里煎制的食物数量都大为增加。

年轻人喜欢在立式餐桌上用餐，年龄较大的人即便家里有立式餐桌也还是喜欢盘坐在较矮的餐桌

边用餐。现代新韩餐注重外形新颖，多用芝士、油炸、面粉等西式烹调形式，适合年轻人拍照打卡。

韩国饮食文化方面，性别的影响正在逐渐变化，但是女性做烹饪工作的尤其明显。

酱类对韩国人饮食味道习惯有很大的影响。通常在农村生活的人才会亲自制作酱油、大酱、黄豆酱、辣椒酱等酱类食物。越来越多人从市场上购买酱类产品。很多酱类商品没有掌握传统酱类的材料配比，酱的味道变甜了，导致韩国饮食中调味料的味道都在发生改变。

现在仍有很多韩国家庭举行祭祀活动，主要有春节祭祀、中秋祭祀和忌日祭祀三大祭祀活动。祭祀父母时兄弟姐妹都要参加，准备食物、选定场所产生的费用由兄弟分摊，不过长子的弟弟家负担得更多一些。

虽然城市化和产业化改变了人们的饮食生活方式，与20世纪80年代以前相比，韩国人饭量有所减少，但韩国家庭仍然是以米饭为中心配以菜肴的饮食结构为主，米饭食用量虽然减少，菜肴的种类却增加很多，因此与以前相比日常饮食的意义也发生了变化。从人们见面会互相问候"吃饭了吗？"可见日常饮食在人们生活中的重要地位。但在今天，用餐只是单纯为了解决饥饿情况的倾向越来越明显。因此，相对来说外卖或单点食物开始在餐桌上具有更大意义，这证明以家庭人口为中心的饮食模式正在向以个人为中心的饮食模式转变。

三、韩国烤肉对烹饪行业原料的改变

烧烤作为中国餐饮业的第二大品类，占市场总额的33.6%，即使保守估计也有数千亿的盘子。在广州、上海以及天津等地，韩式烤肉的占比较高，均超过30%。韩国烧烤在中国的流行和成功绝非偶然，从菜品到文化方面都发展出了自己的特色和卖点，非常符合中国的现状，主要表现在以下几个方面。

第一，韩国烧烤非常符合中国人的口味习惯。在口味上，韩国烧烤的特点是酸、甜、辣，这与中国川菜、湘菜辣的饮食习惯是一致的，符合中国人传统的口味习惯，但是又稍微不同，川菜的辣是麻辣，透着鲜美；湘菜的辣是火辣，比较直接，不加任何掩饰；泰国菜辣中带甜，带有浓郁的热带风味；而韩国菜的辣却入口醇香，后劲十足。韩国的烧烤主要以牛肉为主，同时韩国烧烤还用泡菜、酱汁、蔬菜佐膳，如白菜、酱豆、青菜等，这些佐膳的泡菜浆汁从大的口味特点上和烧烤的味道一致，但又丰富和补充了的烧烤的味道。围绕烤肉的味道、配菜和酱汁形成了丰富的口感体验。

第二，烹调适合中国人的习惯。同样是烤肉，韩餐与中餐的烤肉有很大不同。中餐中的烤肉是将腌好的肉放在烤炉上，用炭火烤制；而韩餐中的烧烤严格讲应算是一种"煎肉"，它是在烤盘上先刷薄薄的一层油，先腌渍后烤，肉是薄片状，然后再把牛肉、海鲜等各种食材放在上面烤制成熟。因为食材不与炭火直接接触，所以比较干净卫生，一般煎到八分熟或刚熟就可以食用了，口感嫩爽、细腻鲜嫩。蘸上正宗的韩式配料，再用生菜将熟肉包起来吃，这是韩国烧烤一种独特的吃法，牛肉的微微醇香溢满口腔，甜中带酸的辣酱汁滑过唇齿，清新爽口，鲜美嫩滑，荤素搭配别有一番风味。韩国烤肉味道和中国人吃肉讲究口感鲜嫩，菜要入味的习惯是符合的。

第三，配菜丰富，形成了类似正餐的体系，使大规模发展成为可能。中国人餐饮文化积淀深厚，即便是普通百姓，吃饭也必要汤菜齐全，吃饭是中国人生活享受的一部分。韩国烧烤除了烤肉种类丰富之外，其配菜有辣白菜、青菜等，形成了完整的吃法和菜系，是标准的正餐。

第四，韩国烧烤符合中国人聚餐的习惯。中国人吃饭的社会意义丰富，在享受美食的时候，更是增进感情、合家欢乐的大好机会，饭桌上文化也颇为讲究，长幼有别，内外有序，聚餐是中国千年餐饮的传统，火锅便是中国餐饮文化的典型代表。韩国烧烤几人围坐，边烤边吃，边吃边聊，很有火锅的味道，无形中也契合了中国人的传统习惯，和普通老百姓的日常需求是吻合的。

第五，比较时尚高档的就餐环境。韩国烧烤虽然符合中国人传统的饮食习惯。但并不意味着韩国烧烤缺少时代性。很多韩国烧烤店的装饰充满了时尚感和档次感。并着力突出韩国文化的味道，在韩流流行的大背景下，这些无疑对消费者都颇具吸引力。对很多老百姓来说，吃饭无疑也是交际和身份象征的今天，韩国烧烤满足了老百姓这种心理的需求。

第六，合理的价位和投资。韩国烧烤的价格比家常菜贵一些，而且各种档次都有，这无疑扩大了烧烤消费者的群体范围，各种消费者都可以有合适的选择；同时也为从业者提供了灵活性，较小的投资也可以开一家韩国烧烤店，较高的接受度，较小的投入，一夜之间韩国烧烤遍地开花也就不奇怪了。

随着城市化进程的推进和城市市容的升级，街边摊逐渐消失，烧烤企业连锁化、品牌化是趋势。生产标准化、消费场景化、客群年轻化这三大趋势使得烧烤行业每年均以超过50%的速度迅猛增长，成为近年来餐饮业态中增长最快的品类之一。烧烤作为近年来餐饮业态中利润最高、增长最快的品类，拥有广阔的市场前景，但是目前面临的最大问题就是，全国各地的烧烤店林林总总有20万家之多，虽然有广阔的市场前景，却没有一家可以占领市场的霸主地位，可以说，烧烤拥有大市场却缺少大赢家。

烧烤行业想要转型，就需要改变原有路边摊的烧烤环境，露天、吵闹、脏乱差的特点，室内烧烤可以提升用餐环境，营造独特的环境氛围，从而给消费者留下独特深刻的印象。烧烤天生自带社交光环，消费者以三五好友为主，也就是说烧烤企业可以通过加强门店的社交属性，提供给消费者一个良好的社交平台，从而带动烧烤产品的消费。现有的烧烤产品品类过于单一，未来可推出更多品类丰富的菜单，产品创新提升菜品口味风味，使得消费者有更多的选择。对于95后、00后来说，他们对餐饮要求比较苛刻，讲究服务、档次和良好的进餐环境。精致服务、时尚休闲、上档次的氛围符合室内烧烤品牌化的发展趋势，烧烤配上一杯精酿啤酒，听着音乐放松身心，赋予了烧烤新的消费场景。

随着年轻人群逐渐步入职场，消费主力正在转变，烧烤行业将迎来升级窗口期。另外，目前国家加强对路边摊等业态的整改力度，这也是烧烤行业转型的一次重要机遇与挑战，室内烧烤更令人期待。总的来说，我国的烧烤行业有待规范化、规模化，室内烧烤未来还有更大潜力和发展空间。

第三节　西式烹饪对日韩料理的影响

一、西式烹饪方式对日本料理的影响与变化内容

1. 法国烹饪对日本料理的影响

在东西方饮食文化交流的历程中，法国和日本之间联系是相当紧密的，影响也更加深远。自

19世纪70年代以来，双方在对彼此文化的相互尊重和欣赏上一直很引人注目，并且一直持续到今天，这种影响不仅体现在东西方风俗习惯理解、传统文化的交流上，也体现在烹饪风格的形成上。这两种截然相反的文化交流和互动都是由他们对食物和烹饪的共同崇拜和认识所造就的，使他们都成为了全球烹饪潮流引领国家之一。如今，受过法国培训的日本厨师、受过日本培训的法国厨师以及越来越多的法日融合餐厅让这些共同的烹饪美食价值观变得更加容易沟通和互融，进一步促进了全球国际美食文化的大发展。

　　传统法式烹饪与日本料理的互动与影响　1868年明治维新时期，日本向西方贸易开放了港口。筑地为外国人建立了一个定居点，从而开设了针对西方人的酒店和餐厅。在筑地鱼市酒店，路易·贝格（Louis Begeux）被聘为主厨，成为日本第一位外籍主厨。他被称为"日本法式料理之父"，因为他在日本期间在各种高端场所工作，包括在皇家宴会上工作，从而提高了他的法国影响力（图4.28）。Begeux的许多学徒，如西尾正一和铃本俊男都曾经前往法国学习法国烹饪技术，然后再次回到日本，帮助传播推广法式烹饪。奥古斯特·埃斯格菲耶Georges Auguste Escoffier出版了几本在日本的西餐烹饪书和手册，让这些法式西餐技术在日本各地共享。法国料理很快成为包括皇帝生日在内的官方活动的标准餐。而在法国方面，酱油是第一个通过荷兰引进的日本食材。在路易十五的宫廷里，九州酱油经常被用作沙拉酱和其他菜肴的原料。

图 4.28　路易·贝格（Louis Begeux）在日本筑地鱼市酒店

　　尽管有这些早期的互动，但这种文化融合在20世纪60年代变得更加主流，与此同时，法国新派烹饪the French nouvelle cuisine运动也开始了。在此之前，法国的高级烹饪大多以肉为中心，使用浓稠的酱汁，并经常进行点缀和装饰。然而，在20世纪60年代日本和法国的烹饪技术逐渐融合之后，新一代的法国厨师突然开始接受极简主义、清淡的酱汁、精致的风味和复杂的摆盘，其中很多都反映了日本料理，特别是怀石料理的风格。虽然没有官方的说法，但从法国古典烹饪到现代式烹饪转变是受到日本料理的直接影响。

2. 近代法式烹饪与日本料理的互动与影响

　　近代国际美食谱系发展与变化也与法式烹饪的发展紧密相关。新一代的法国厨师突破性地在法国烹饪的正统观念中引入清淡的酱汁，以较短的烹制时间和更巧妙的展示呈现菜肴风格。这项新运动从根本上改变了最高水平烹饪和食用的意义，尤其是在美学方面。与此同时，日本人辻久雄在将法国烹饪技艺带到日本方面发挥了决定性作用。他是亲法派、烹饪大使，也是日本最著名的烹饪学校的创始人，该学校以他自己的名字命名。1965年，保罗·博库兹（Paul Bocuse）获得第三颗米其林星后不久，参观了辻久雄的学校（辻久雄烹饪学院），两人在那里结下了友谊；令人惊讶的是，这次旅行让博古斯的烹饪受到了日本料理的巨大影响。辻久雄还邀请了其他著名的法国厨师来日本，既在他的学校任教，也向他们介绍日本料理。

　　菜肴的影响效果是逐步显现的，早在1966年，也就是博古斯访问日本一年后，吉恩·皮埃尔和Troisgros，两个关键的新式烹调的创新者，已经为他们著名的浅煮三文鱼配酸模草做准备设计了。在那个时代，法国文化的方方面面已经为彻底变革做好了准备，当20世纪60年代后期新式法国料理爆发时，它采用了日本料理的许多关键技术和美学。丹尼尔·布鲁德（Daniel Boulud）在2007年告诉《洛杉矶时报》，这些访问使厨师们接触到怀石料理，激发了他们采用品尝菜单的形式——为精致餐饮的愿景设定了条件，直到今天仍在实践中。

Joël Robuchon（乔尔·卢布松）是有史以来获得米其林星级最多的厨师。1976年，31岁的他第一次去日本，5年后他开了自己的第一家餐厅，8年后他第一次被授予米其林三星。他的许多最具标志性的菜肴都保留了明显的法式风格，同时融合了日本食材和口味，例如，他制作的鹅肝配日本绿山葵酱。然而，除了被他称为"不知名的shallots，tarragon，andchives"的日本新食材之外，对他影响最大的是他去著名的数寄屋桥二郎寿司店的经历。这家著名的寿司店曾招待过巴拉克·奥巴马等人。几乎所有的寿司餐厅都是这样设计的：客人坐在厨房柜台前，寿司师傅在那里工作，以便仔细观察寿司的制作过程，同时与厨师交谈。这个形式强烈地反映了和食的理念，即一顿饭是一种工艺，一种交流和传播知识的方式，以及食物的新鲜和起源的重要性，这些都是法国美食所共有的意识形态。因此，Joël Robuchon深受这种布局的启发，并由此产生了"Atelier工作室"的概念，这是一种法式用餐体验，顾客坐在靠近厨师的酒吧柜台旁（图4.29和图4.30）。

图4.29　乔尔·卢布松在日本东京的
创意餐厅　　　　图4.30　乔尔·卢布松在中国上海的
创意餐厅

在日本方面，著名厨师兼餐厅老板渡边一郎曾在法国烹饪学校学习烹饪，并在Joël Robuchon手下工作了21年。Nabeoism（纳比奥主义）是日本人将江户饮食文化与法国美食结合起来的尝试。渡边在法国饮食文化方面的大部分技巧和训练得益于法国饮食文化的熏陶，尤其是Robuchon的功劳。"不要尝试困难的东西，不要混合超过34种食材，重视调和与食材的时令性，直到它们最终被认可。让牛肉尝起来像牛肉，鸡肉尝起来像鸡肉。尊重食材和它的本味，调味注重保持和提升原味。"这种尊重食物及其天然品质的信念在日本料理中也是一个极其重要的概念。学校教种植和烹饪蔬菜，有时甚至是养鸡和收获鸡蛋。通过两道菜，荞麦面球和时令菜，也可以非常清楚地看到日本和法国美食的融合。sobagaki（荞麦面）是他的招牌菜，荞麦粉、荞麦是日本和法国流行的一种配料，在法国用于荞麦薄饼，在日本用于荞麦面，使其成为两种文化联系的象征。sobagaki是在传统的法国煎盘上烹制的，需要很高的处理技巧。这道菜配有鱼子酱，是一道非常简单的菜，不仅可以品尝每种食材的味道，还可以品尝到厨师的技巧。对于时令菜，他真正尝试将传统的法国和江户食材融合在一起，例如法国鸽子和京都茄子，或法国黑松露和传统江户蔬菜。这道菜还尊重新鲜的时令食材，这在法国和日本的饮食文化中都很重要。由于这些共同的价值观，如新鲜、简单、风土、尊重和工艺，日本和法国烹饪完美地结合在一起（图4.31和图4.32）。

图 4.31 Nabeoism 创意菜肴 1

图 4.32 Nabeoism 创意菜肴 2

这种对彼此美食的兴趣在法国的日本餐厅和日本的法国餐厅日益增长的需求中表现得淋漓尽致。在法国，有一整个街区被称为日本区，那里有许多日本餐馆和面包店。在日本，有308家法国米其林星级餐厅，数量仅次于传统日本餐厅。然而，彼此国家的异国情调可能会导致对食物和文化的误解。法国文化在日本经常被高度浪漫化，导致法国料理几乎总是被归类为高级、高档和特殊场合。它通常也采用新式美食的风格。另一方面，在法国，对日本料理的高需求导致许多不正宗的拉面餐厅以及许多中国人拥有的亚洲融合餐厅被冠以"寿司芥末"等日文名称。虽然已经在这两个国家留学过的厨师可能会更深入地了解彼此的饮食文化，但公众容易产生误解。此外，与高级烹饪相反，可以通过休闲烹饪和家庭烹饪来学习一套完全不同的价值观。最能了解休闲、日常膳食的地方是学校的午餐系统。

日本料理和法国料理有着悠久的渊源，这使得法国人和日本人在共同的价值观和对食物的尊重的基础上走到一起，在这个日益全球化的社会中，它已经并且肯定会继续塑造彼此的烹饪风格。只能希望，对更正宗的法国和日本料理的研究和传播，将会导致对彼此文化的更好理解和欣赏，并导致新的烹饪创新。

二、韩国料理与西式烹饪的融合及影响

韩国料理具有很强的包容性，习惯采用拿来主义，继而发展和创新。创新是韩国餐馆老板常常采用的思路和策略，是融合料理的代名词。在全球餐饮发展融合与创新发展的大背景下，韩国料理从烹饪方法、进口食材和泡菜三方面进行了发展变化，这与韩国料理自身的特点相关。

1. 烹饪方法

像牛肉这样在烹饪界如此普遍的食材，如何将它与任何其他民族的美食或烹饪风格区分开来，做出特殊的韩国牛肉烹饪法？对韩国餐饮企业老板来说，烹饪方法的运用就是一种有效手段。换种角度来看，这不是厨师的烹饪，而是顾客在用餐和烧烤肉类食材自己的控制技巧。尤其针对以韩国烧烤为主经营餐厅来说，烹饪风格的细微差别来自烹饪方法。比如韩式烧烤店里最受欢迎的烤肉排骨，这种烧烤肉类料理的灵感来自巴西和阿根廷风格的烧烤。尽管牛肋骨在韩国料理中很受欢迎，但这种特殊的烹饪法却体现了其特点，通过特殊的烧烤方法把南美烤肉法转变为韩国料理方法，顾客在个人烤架上烹制自己的烤肉，然后与典型的韩国烧烤酱搭配的韩国小菜一起食用。因此，一种韩国+南美融合菜的形式就从烹饪和加工方法的变化中诞生。

日式韩国料理和美式韩国料理的创新变化。居酒屋是一种日本人在休闲的环境中用酒水配小菜

吃的方式。将来自日本料理食物本身的灵感，以韩国厨师和韩式服务方式，将日本风味菜肴标记为韩国融合了"家常酱汁"或"家常风味"的"韩式"日本料理这也是一种创新途径。

据经营一家韩国炸鸡餐厅的詹妮弗说，韩国炸鸡的概念虽然相当新，但已成为韩国美食界的热门代表。韩式炸鸡和美式炸鸡的主要区别，除了酱料之外，就是准备和烹饪的方法。美式炸鸡用的是干面，韩国炸鸡用的是湿面，这样吃起来更脆。由此可见面糊的制作方式也会改变炸鸡的种类与风格。

2. 进口食材的品牌保障

韩国料理经营中进口食材本身的品牌、来源已经成为民族和民族烹饪的标志。一家在美国很受欢迎的韩国炸鸡连锁店，包括非韩国人在内的许多人都喜欢这里的食物，因为它"比美国炸鸡好吃"。老板解释说：本店韩国炸鸡的经营之道是菜单上的所有东西都来自韩国。这家餐厅的所有东西，如香料、酱汁和面糊，都是从韩国进口的，并以中央厨房为基础。除了食材的来源外，特许经营权本身也是韩国公司。在这种情况下，进口食材既表明了该连锁店所属的韩国品牌，也表明了在美国供应的食物与来自韩国的食材之间的具体联系。因此，进口食材本身的品牌、来源已经成为民族和民族烹饪的标志。

3. 泡菜的国际化

如今，韩国泡菜这个词被全球大多数人所熟知，但实际上它在韩国烹饪史上的发展时间还是比较短的。韩国泡菜是在16世纪末由于日韩战争而被引入的。传统上，泡菜是在公共环境中生产的，一个村庄或家庭的妇女会在秋天聚集在一起，在冬季大量生产泡菜。因此，在韩国，泡菜已经成为家庭和传统的重要标志。因此，它也成为阶级标志的象征：从购买或得到泡菜的方式可以看出他们的阶级和地位。在购买泡菜的类别中，有统计数据列出了比其他品牌更昂贵、更有价值的不同品牌泡菜：主要指标是生产和制造的地点。韩国产的泡菜比从中国等地进口的泡菜要贵。而且，韩国很多餐馆现在大多从中国进口泡菜，因为这样比在当地购买更便宜。尽管泡菜在韩国有着深厚的历史影响和社区建设基础，但韩国泡菜已经成为一种全球现象，现在正达到前所未有的受欢迎和流行程度。

1989年韩国奥运会后，泡菜迅速登上世界舞台，成为韩国的代名词。在韩国，食品制造商领导了一场全国性的运动，旨在让泡菜更适合年轻一代泡菜消费者的口味。这一运动标志着与之前政府在战争期间鼓励保护环境和减少开支的努力发生了变化。因此，韩国泡菜企业的广告主们把泡菜描绘成家庭、舒适、母爱的象征。在奥运会之前，全球对泡菜的关注微乎其微。实际上，用萝卜、大葱、黄瓜等制作的泡菜种类繁多。然而，在奥运会之后，全球都知道的泡菜的概念被整合到统一的、容易辨认的红色白菜中，现在它被认为是韩国的国菜。

三、日韩餐具文化对西餐装盘的影响

1. 日本餐具文化

近年来日本料理深受世界人们欢迎。日本的饮食器具、食物满足了人们物质需求，美器满足了人们的精神需求，从而满足了人们的味觉、触觉、视觉、嗅觉的生理需要。饮食器具文化是日本造型艺术，有着丰富的美学意识与审美文化。饮食器具的设计与制作不仅包含了创作者的情感，同时也蕴含无限的审美视角。日本的器具以陶器、瓷器、漆器、木器为主，大多线条柔和、颜色古雅，具有纤巧细致的审美情趣。其造型装饰却追求不对称的美感，饰以樱花、美人、鱼藻、牡丹、水草等纹样，凹凸有致的形状与或浓或淡或艳丽或典雅的图案结合在一起，蕴含了无穷的天然意境。细腻敏感的日本文化决定了饮食器具文化本身具有鲜明的感受主义风格。日本的饮食器具从绳文时代的陶器发展至今，与绘画艺术有机结合在一起，创造了独具特色的器具文化（图4.33和图4.34）。

图 4.33　日本餐具文化 1

图 4.34　日本餐具文化 2

2. 日本餐具艺术性

充分汲取了唐朝文化的日本开始从"唐风"向"国风"转变，民族意识觉醒，在器物上表现出独具日本特色的民族性，漆器一改之前的奢华、规整，线条圆润流畅、图案以简单的自然景物和波浪纹装饰为主。日本人将中国禅宗思想中的"返归自然"提炼出来，催生出独特的日本禅宗文化，极大地影响了日本人的审美趋势——崇尚自然材料，减少人工雕琢的痕迹，达到与自然的大一统，这种追求"空寂、简约、闲适、素雅"的美学思想在日本人的生活器皿中体现得淋漓尽致。饮食器具的发展不仅是制作技术的发展过程，更重要的是在发展过程中融合了各种艺术元素，如文学绘画等，包含了日本文化中幽玄、空寂的抒情因素，具有明显的日本文化特质。日本的食器图案以大自然的元素为主，大多营造出平静、柔和、不加修饰的意境，并流露出闲寂的风雅品性。在欣赏日本食器时，除了视觉冲击外，通常会唤起一种微妙的精神意识。食器所传达的意境与使用者的主体性有机融合在一起，构成了丰富细腻的感觉世界，从而使器具产生了精神空间和人文意义，造就了无限的艺术空间。

图 4.35　摆放艺术 1

3. 日本餐具与菜肴搭配的美学关系

日料是世界上餐具种类、材质最繁多，同时也是最讲究食物与餐具搭配的一种料理（图4.35和图4.36）。美食可以强健体魄，美器可以健全心灵，餐具造型种类繁多，具有良好的欣赏功能，如盖碗，带盖的小碗，常见青花、粉彩、珐琅彩及其他单色釉等品种。在日式餐具中，盖碗更多地作为盛装食物的器皿。典雅的盖碗不但大大地增强了餐具器皿的时尚感，更能使人们在用餐的时候油然而生舒畅的好心情。

图 4.36　摆放艺术 2

器型除圆形、椭圆形之外，还有叶片、瓦片、荷叶、莲座、瓜果、舟船，以及四方形、长方形、八角形、十二角形等，或对称或不对称，外形古拙、肌理清晰、色彩素雅、纹饰简洁，以显现出"侘寂"之美。如碗类器皿仅口部就有直口、侈口、敛口、菊花口、菱花口、压边纹口、台形口以及六边形口、八边形口等；盘类器皿有深有浅，有折沿，有平沿，还有花口，以满足不同场合的饮食。

日本瓷质餐具色调有浓淡之分，深色通体施蓝、绿、黄等色釉，再以金、银等彩绘，手工意味浓重，图案多为松树、仙鹤、野草、花卉、禽鸟、蝴蝶、蜻蜓等；浅色在素白瓷器上绘画，或贴花，或印花，纹样有牡丹、菊花、梅花、如意纹、水波纹等。另外，装饰纹样与底色一般和谐与对比、反衬与烘托效果明显，如绿底白花碟、红绿彩菜盒、青花斗彩盘、黑釉铁彩碗、蓝釉金彩茶壶、茶杯等。餐具注重配套，有单人用、双人用、多人用，乃至数十人配套使用，但忌讳四人配套，因为在日语发音中，四与死发音相同。餐具配套一般有碗、盘、碟、汤锅、垫托、茶壶、茶杯、汤勺、筷子架等，除了注意数量、品种搭配之外，也注意色彩与造型特色的配合（图4.37和图4.38）。

图 4.37　色彩搭配艺术 1　　　　　图 4.38　色彩搭配艺术 2

日本餐具在满足实用功能的前提下，通过变形夸张、肌理质感、胎体釉色，将"用"和"美"结合起来。1636年朝鲜副使金世濂描述日本器："其器皿则常时皆用红黑漆木器及镴铁等器，至于土陶之器，涂以金银。其宴享皆有三五七之制，初进七器之盘，或鱼或菜，细切高积，如我国（朝鲜）果盘；次进五器之盘，次进三器之盘，而取水鸟，存其毛羽，张其两翼，涂金于背，果实鱼肉，皆铺以金箔。献杯之床，必用剪彩花，或木刻造作，殆逼真形，此乃盛宴敬客之礼。而凡享客酒食，通谓之振舞矣。"

日本餐具在对材质的选用方面可称之为餐具搭配美学的典范。在日式料理中，主要采用分食制，除了个别例外的菜肴，都是以个人一份为主，而非全体共用一盘。这种分食制的餐具组合包括陶、瓷、木、木器漆、玻璃、竹、大盘、小钵，长形、方形等，不仅单个器皿的容量适合个人使用，而且种类繁多，依据盛放的菜肴不同，在餐桌上各有自己固定的摆放位置，称为"配膳"。"配膳"的餐具组合和摆放都是以满足个体视觉和就餐体验而设计的。更为难得的是，在日本，从各类料理屋到一般庶民的家庭，在餐具上都颇为用心，会根据不同的食物、不同的季节精心选择适宜的餐具（图4.39和图4.40）。

日本料理在盛装不同的食物时，根据食物的特性，选择适宜的器皿。比如盛装汤时用木器，高级一点的用木漆器，除了材质上可以散热更慢，利于保温之外，这是比陶瓷更具有柔性质感的材

图 4.39　传统用餐环境　　　　图 4.40　现代用餐环境

质，而米饭可以用瓷器也可以用陶器，瓷器映衬出米饭的精致，陶器托衬出米饭的朴实，传达给人不一样的视觉和心理感受。

日本料理讲究季节性，日本文化深层里有着对四季变迁的依恋，习惯用眼、耳、鼻、舌、身来感受季节的转换，反映在餐具的选用上，便是冬天用质地较厚的陶器，夏天用质地清爽的玻璃或者青瓷。单从餐具的材质上就能表现出季节的变化，可见日本餐具对于餐具材质与环境之间搭配美学的重视。继而整张餐桌上会出现陶器、瓷器、玻璃器、木器、木漆器等多种材质搭配，带给就餐者变化多样的美感，不仅体验了味觉艺术，更是享用了视觉艺术。日本餐具在材质搭配美学上，不但食物和单个器皿有相辅相成的关系，器皿与季节环境之间也有着细腻的呼应关系，整套餐具不同材质的搭配也带来统一中有变化的美感。食物与器皿之间、器皿与器皿之间、食物和器皿与环境之间各自相映成趣。

日本人对于饮食的精致细腻举世闻名，他们的食器也以小巧玲珑扬名天下，设计也比较有创意。日本瓷器在一定程度上秉承了中国传统工艺的优点，又融合了日本文化的底蕴，虽然有"蓝青庵""清秀"等不同系列，但在色彩上多以青、蓝为主色。瓷器手工细致讲究，甚至连底边都要经过打磨。漆器仍然是日本最为传统、高级的餐具之一，主要的材料是高档树脂，现在的漆器餐具在外面涂上厚实光亮的食用漆，更加精美。据介绍，以树脂作为原材料不会收缩，所以更耐用。筷子则有漆箸和原木箸。因为漆箸易脱漆易变形，所以原木箸要高档得多。

日本的审美文化倾向于感受主义和自然主义，区别于中国传统审美中的"淡雅之美"，日本的审美讲究"幽玄之美"。注重感受、亲和自然是日本人在生活方式和审美情趣上的最佳体现，也有别于西方审美，所以当我们欣赏日本的餐具时会有一种"虽然说不出它哪里美，但就是感觉很舒服"这种微妙的心灵感受（图4.41）。

图 4.41　幽玄之美

4. 西餐装盘的艺术

丰富的色彩有助于美化菜肴，西餐注重利用食材自有的色彩，配菜要选择至少两种不同颜色的食材，可以避免因颜色单调而使菜肴显得呆板。颜色的组合要遵循配色的规律，以协调的色系或强烈反差的色系来展示，会取得较好的效果，可以避免因颜色过多而产生的杂乱无章的弊端。多色化的食材搭配还可以体现菜肴的地域特色，如意大利菜肴多选用红、绿、白三色的食材，象征着意大利的国旗颜色。餐盘内食物的空间布局如绘画，要适当留白，即配菜与主菜之间应保持适度的空间，每种食物都应用单独空间，不可杂乱堆砌，从而达到最佳的视觉效果。

清代著名美食家袁枚的"美食不如美器"菜肴的装饰离不开精美的餐具。随着现代工艺的不断发展，在色盛器泽、质地、形状上都有很多新的突破，合理地选择盛器将会赋予菜肴更高的欣赏价值。米其林餐厅在盛器的研发制造上颇具创新。

对比日料与西餐装饰不难看出，在精益求精的工匠精神上相互影响，日料餐具的多样精美性在全球餐饮大融合的背景下影响整个行业，不少西餐厅餐具都会有日式餐具食器的出现，尤其现代风格餐饮企业。全球经济融合过程中日式餐具扮演着越来越重要的角色，已成为一种新的食器文化影响力，发挥着更多更广的用途，也悄悄改变着食器的样式风格。

5. 日本料理装盘、装饰艺术

可以认为日本料理是在外观上让人印象深刻的料理，被誉为用眼睛吃的菜肴，外观上能给人感动是很必要的，由此可见日本料理人在制作料理时，把视觉美放在十分重要的位置。当然日本料理的美是多方面的，其中的摆盘艺术美轮美奂，涉及食材选择、食器搭配、色彩搭配、空间结构设计等多个方面。

食材应季节，不食反季节食材，正统日料餐厅也有按季节来更新菜单的做法，不断根据时令选择当季食材；日本对食器的重视，通过美食家北大路鲁山人那句有名的"食器是料理的衣服"就可深刻感受，食器的使用，也是需要考虑的主题，同一道料理，只因食器不同就会变身为完全不同的料理，食器皿造型多样，不同菜品菜式一般选用不同造型的餐食器皿，如特色季节与不同节日食器上都有不一样的变化。日本料理中的食器根据用途有饭碗、茶碗、中盘、小碟、小钵、有盖蒸容器、方盘、向付、猪口杯、大钵、铫子、急须等，还有多层食盒。总体说来日本料理既色泽鲜明，又不杂乱，还体现一种均衡的美感。日本料理匠人有着对色彩的细腻感受力和超强的美学把控力，更不用说，这些菜品还会通过色彩搭配，会对食客形成暗示，诱发食客想象力，感悟出每一道料理属于自己的美。摆盘美学最终是通过料理人对料理装盘时空间格局的把握来得以实现的。日本料理讲究三菜一汤，这本身就涉及一个空间格局的搭配。基本的一套日本料理由饭、主菜、副菜、小菜、汤构成，每个部分再由对应的碗、小盘、中盘、小钵等装盛，根据场合搭配以对应的颜色和造型，完成一套日料装盘就是完成一次极具艺术性的空间格局设计。而每一道菜的装盘又涉及一次空间设计，这既需要思考料理在食器中的位置，还要善于利用锦上添花的装饰物料。

日料的装盘风格也体现在结构美上，给人想象的空间。与西餐一样摆盘有平面式、重叠式、堆叠式、立体式、餐盘的复用式，小食器置于大盘之中，通过留白，凸显层次，达到美感，食品再在旁边配以装饰嫩芽或植物做装饰辅料，使造型充满美感。

日本料理摆盘与现代法餐一样，也会选用可食用香料、时令花草、叶片。既可以烘托出季节感，也可以为简单的容器凸显立体感，增添色彩。南天竺、竹叶和枫叶等都是常用叶片。而且在有些菜品中，提升菜肴的美学艺术价值。

　　日本料理匠人，在不断锤炼自己料理技艺的同时，结合美学，能够把不同的食材经过精心的色彩搭配，再与不同材质与形状的器皿组合起来，在摆盘中追求餐盘艺术，给予食客一种平衡美感，让日本料理从"吃"的生活品上升到"欣赏品鉴"的艺术品，这也对我国高端餐饮有极强的借鉴意义，值得中国餐饮行业从业者思考。

?　思考题

　　1. 日本料理的发展历程和菜肴制作工艺体现的营养与健康烹饪手法是什么？

　　2. 韩国定食和伴食文化，对营养健康和膳食结构的影响是什么？

　　3. 中国饮食文化后期的发展需要重视哪些方面？

　　4. 简述中国烤串、韩国烤肉、日式烧鸟之间的区别与相同之处。

　　5. 韩国料理的变化说明了什么？

　　6. 日本料理的变化说明了什么？

　　7. 法式烹饪对日本料理的影响主要体现在什么方法上？

　　8. 韩国融合世界餐饮文化的主要方法是什么？

　　9. 世界餐饮融合与贯通的基础是什么？

参考文献

［1］于谨，2021年我国日式料理市场发展现状与市场前景分析，［OL］，华经产业研究院，https://www.huaon.com/channel/trend/718990.html.

［2］于谨，2021年我国日式料理市场发展现状与市场前景分析，［OL］，华经产业研究院，https://www.huaon.com/channel/trend/718990.html.

［3］联商网，为什么日本餐饮是中国餐饮业的学习对象，［OL］，http://www.linkshop.com/news/2017380875.shtml.

［4］斯坦利・L.恩格尔曼．剑桥中国经济史［M］．北京：中国人民大学出版社，2008.

［5］爱吃酸梅的狮子，知乎，［OL］，https://www.zhihu.com/question/19841711/answer/1811659383.

［6］日本米食文化研究所，［OL］，https://kome-academy.com/sc/.

［7］七日野鬼，日本传统料理小科普：本膳料理、怀石料理和会席料理有什么区别，［OL］，http：//www.lpzine.com/post/416337555043586048.

［8］服部广志，一期一会和食研究所，［OL］，https://mp.weixin.qq.com/mp/homepage?__biz=MzAwOTc5MDYxOA==&hid=1&sn=d85fb87f39ae2b5dd0b3cd53ad846b5e&scene=18&uin=&key=&devicetype=Windows+7&version=6206021b&lang=zh_CN&ascene=7&winzoom=1.

［9］王国华．日本江户锁国时期饮食文化刍议［J］．边疆经济与文化，2011（9）：6-7.

［10］七日野鬼，日本传统料理小科普：本膳料理、怀石料理和会席料理有什么区别，［OL］，http://www.lpzine.com/post/416337555043586048.

［11］曹佳璐，张列兵．韩国泡菜乳酸菌研究进展［J］．中国食品学报，2017，17（10）：184-193.

［12］陈功．试论中国泡菜历史与发展［J］．食品与发酵科技，2010，46（3）：1-5.

［13］方亦生．从饮食看韩国人的养生文化［J］．医药保健杂志，2006，（16）：34-35.

［14］高岭．四川泡菜与韩国泡菜生产工艺的区别［J］．中国调味品，2004，（12）：3-5.

［15］郭海燕．浅谈韩国饮食文化［J］．中国校外教育，2012，（16）：58+62.

［16］韩福丽．韩国饮食蕴涵的精深哲学［J］．养生大世界，2006，（03）：1.

［17］金惠淑．浅谈韩国代表性食物烤肉的文化变迁［J］．南宁职业技术学院学报，2015，20（5）：18-21.

［18］金禹彤．论朝鲜族饮食及其文化特征［J］．理论界，2009，（10）：149-150.

［19］孔润常．韩国人的饮食礼仪［J］．东方食疗与保健，2005，（12）：1.

［20］李端俊．韩国饮食崇尚五色［J］．东方食疗与保健，2005，（04）：19-20.

［21］李祥睿．韩国泡菜制作工艺［J］．农村百事通，2019，（18）：43-44.

［22］李潇．四川泡菜文化旅游产品开发研究——以眉山中国泡菜博物馆旅游产品开发为例［D］．四川：四川师范大学，2017.

［23］李振中. 韩国饮食与中国饮食的差异及其特点［J］. 剑南文学，2013，（02）：1.

［24］卢沿钢，董全. 中、日、韩三国泡菜加工工艺的对比［J］. 食品与发酵科技，2011，47（04）：5-9.

［25］吕梦佳. 饮食类非物质文化遗产的保护研究——以韩国博物馆泡菜展览为例［J］. 人文天下，2019，（05）：67-73.

［26］梅子. 韩国的饮食与礼仪［J］. 健康人，2001，（08）：154-157.

［27］牛笑. 泡菜：朝鲜半岛最有代表性的传统菜肴［J］. 世界知识，2021，（04）：2.

［28］朴英爱. 浅谈韩国饮食文化［J］. 南宁职业技术学院学报，2011，16（05）：14-16.

［29］生书晶，佘婷婷等. 中国泡菜研究的现状、问题及建议［J］. 中国调味品，2015，40（9）：113-116.

［30］孙红娟. 韩国的饮食五色和中国的阴阳五行［J］. 中外文化交流，2002，（03）：44-45.

［31］汪作佳. 延边朝鲜族食品产业与经济的关系［D］. 吉林：延边大学，2018.

［32］王书明. 中国传统饮食文化对韩国饮食文化的影响［J］. 科技信息，2011，（20）：159.

［33］文英子. 韩国饮食文化［J］. 扬州大学烹饪学报，2007，（1）：10-11.

［34］吴丽娟，周倩等. 浅谈韩国泡菜文化发展之道［J］. 科教文化，2015，（309）：189-192.

［35］徐熙延. 韩国的饮食风俗［J］. 21世纪，2003，（04）：1.

［36］远见. 韩国烤肉的腌汁与蘸汁［J］. 烹饪课堂，2007，（12）：40-41.

［37］赵荣光. 热眼旁观韩国食文化三十年［C］. 浙江：浙江大学韩国研究所，2014.

［38］赵艳辉. 浅析韩国饮食文化中的健康理念［J］. 才智，2009，（04）：227-228.

［39］周永河. 韩国饮食文化结构研究［J］. 南宁职业技术学院学报，2015，20（5）：1-5.